中高职贯通数字媒体专业（VR方向）
一体化教材

VR 全景
拍摄实用教程

主　编　许倩倩　孙　静　曾　珍
副主编　张鹏威　杜江南　翁诗奇
编　者　郑诗超　卞彦文　边晓錾　徐　玮
　　　　田金双　叶奉栋　闻豪笛　骆龙誉

南京大学出版社

图书在版编目（ＣＩＰ）数据

VR 全景拍摄实用教程 / 许倩倩，孙静，曾珍主编
. -- 南京 : 南京大学出版社，2022.9（2025.1 重印）
ISBN 978-7-305-24093-5

Ⅰ. ① Ｖ… Ⅱ. ①许… ②孙… ③曾… Ⅲ. ①虚拟现
实—教材 Ⅳ. ① TP391.98

中国版本图书馆 CIP 数据核字（2020）第 257572 号

出版发行　南京大学出版社
社　　　址　南京市汉口路 22 号　　　　邮　编　210093

书　　　名　VR 全景拍摄实用教程
　　　　　　VR QUANJING PAISHE SHIYONG JIAOCHENG
主　　编　许倩倩　孙　静　曾　珍
责任编辑　刁晓静

照　　排　南京新华丰制版有限公司
印　　刷　南京凯德印刷有限公司
开　　本　889mm×1194mm　1/16　印张 9.75　字数 260 千
版　　次　2022 年 9 月第 1 版　　2025 年 1 月第 2 次印刷
ISBN 978-7-305-24093-5
定　　价　58.00 元

网址：http：//www.njupco.com
官方微博：http：//weibo.com/njupco
微信服务号：njuyuexue
销售咨询热线：（025）83594756

中高职贯通数字媒体专业（VR方向）一体化教材
编写委员会

前　言

　　这是一本面向技工类院校摄影摄像专业的教材，是一本从实战角度教会读者怎样快速拍摄出全景照片和视频的书。本书分为七个章节，分别从设备、拍摄、缝合、分发及后期美化五个步骤介绍了全景图像、全景视频拍摄及制作的过程，旨在帮助对全景制作感兴趣的读者快速、全面地掌握完整的知识体系，尤其对初学者将会大有裨益。

　　本书基于技工类院校摄影摄像专业的培养目标设计了教材框架，因而本书具有如下特点：

　　一、通俗易懂的语言

　　在本书中尽量避免各种晦涩难懂的专业术语与各种高精尖摄影装备的应用，用通俗易懂的语言向读者娓娓道来，使读者真切地感受到学全景拍摄并不难，并以思维导图的形式引导读者进行学习。

　　二、培养学生综合运用能力

　　使学生能够通过熟悉设备、拍摄、缝合、分发及后期美化等步骤，熟悉VR全景拍摄的流程，具备VR全景拍摄开发能力。同时，培养学生自主、合作、探究学习的能力。

　　三、贯穿项目式教学

　　本书始终贯穿项目式教学的思想，根据技工类院校学生的认知规则，从项目整合的需求出发，以VR全景拍摄的常规流程为主线，采用项目驱动的模式编写。全书通过多个与实际生活或工作相关的案例，循序渐进、由浅入深地讲解VR全景拍摄的方法。读者通过本书的学习，能较大地提高实际操作能力，巩固和拓展所学知识与技能。本书内容的呈现方式符合读者的认知特点，语言简洁、结构清晰、图文并茂，能很好地激发学生的学习兴趣。

　　四、融入实际的项目

　　本书倡导全面发展，以学生为本，以就业为导向，在书中融入实际的项目，按照VR全景拍摄的标准流程，结合学校实际和企业需求的真实场景模拟，紧贴社会对高素质劳动者掌握VR全景拍摄制作技术的要求，将课堂还给学生，营造真实工作环境，并适应人才培养模式的改变。

五、丰富的配套资源

本书同时配套学习资料，可扫描书中的二维码获得各类素材文件。需要特别说明的是，为方便教学，本书中有部分图片来源于网络，由于未找到图片的作者，故未标明出处，仅用于教学实践，再次向图片所有者表示衷心感谢！

由于摄影摄像技术的发展迅猛，编者水平有限，我们迫切希望使用本书的广大教师和学生对书中存在的问题提出宝贵意见，以便我们进一步加以改进。在本书的编写过程中，由于编者水平有限，书中难免存在一些疏漏和不足之处，恳请大家在使用过程中批评与指正，以便我们修改完善。

编者

2022年8月

目　录

项目1　全景摄影摄像　　　　　　　　　　　　　　　　001

任务1　开幕面纱——初识全景影像　　　　　　　　002
任务2　摩拳擦掌——全景影像实拍流程　　　　　　005
任务3　锋芒毕露——全景影像的优势　　　　　　　009

项目2　全景图片拍摄　　　　　　　　　　　　　　　014

任务1　厉兵秣马——全景设备简介　　　　　　　　015
任务2　小试牛刀——全景图片入门拍摄　　　　　　021
任务3　初露锋芒——全景图片进阶拍摄　　　　　　031

项目3　全景图片后期处理　　　　　　　　　　　　　039

任务1　金兰之契——了解PTGui Pro　　　　　　　040
任务2　契若金兰——全景图的拼图流程　　　　　　063
任务3　构建环境——全景图的播放设备　　　　　　069

项目4　全景视频拍摄　　　　　　　　　　　　　　　078

任务1　场景选择　　　　　　　　　　　　　　　　079
任务2　牛刀小试——全景视频入门拍摄　　　　　　084
任务3　动如脱兔——全景视频进阶拍摄　　　　　　097

项目5　全景视频后期处理　　　　　　　　　　　　　105

任务1　取其精华——全景视频合成编辑　　　　　　106
任务2　日臻完善——全景视频美化处理　　　　　　112

项目6　面貌定型：视频发布 117

任务1　静态美定型——全景照片处理　118

任务2　动态美定型——全景视频处理　122

任务3　个性化处理——全景视频特殊处理　125

任务4　尝试新风格——全景漫游　131

项目1　全景摄影摄像

项目目标：

　　全景影像是虚拟现实技术的重要部分，它利用全新视角，给观赏者带来身临其境的沉浸式体验，能够全方位地展示内容。通过本章节的学习，可了解全景影像的概念、全景技术的发展以及全景影像实拍，为后续全景摄影摄像实践打下夯实的基础。

项目要点：

◆ 初识全景影像
■ 全景影像实拍流程
■ 全景影像的优势

配套微课　拓展资源

知识链接

　　全景，英文名（Panorama），又被称为3D实景，是一种新兴的富媒体技术，其与视频、声音、图片等传统的流媒体最大的区别是"可操作，可交互"。全景分为虚拟现实和3D实景两种。

尝试解答

　　简要说明全景影像和传统影像拍摄有什么区别。

_____

_____

_____

_____。

任务1　开幕面纱——初识全景影像

【理论描述】

　　初识全景摄影摄像，承担开头重任。本项目立足学习实际，侧重理论学习并融入思政，通过追溯全景影像历史，激发学习兴趣。我们应发挥自己的专业特长将祖国的美好记录下来，在历史中留下中国人民拼搏的身影。

【项目描述】

	任务目标：初始全景影像的发展简史，了解其应用等。
	清明上河图跟中国第一张全景图是见证一段历史的兴衰荣辱的优质作品。

【任务导图】

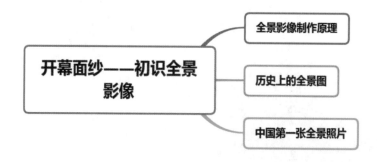

【实现过程】

一、历史上著名的全景图

《清明上河图》是中国十大传世名画之一，它宽24.8厘米、长528.7厘米，作品以长卷形式，是历史上最早出现的全景图。不同于现代拍摄的全景图近大远小，《清明上河图》采用散点透视构图法进行绘制，以下图展示建筑物为例，大家可以细细研究一下。

图1-1-1　《清明上河图》的部分展示图

二、中国第一张全景照片

中国第一张全景照片，片名已无从考究，画面由多张照片拼接而成，与现在的高清照片相比这张照片显然还不够成熟，但以当时的技术完成这样一张全景照片，其工程量肯定不小。通过这张全景照片传递的视觉感，我们可以感受北京城的宏伟、大气。

图1-1-2　中国第一张全景照片

知识链接
　　中国第一张全景照由西方摄影师比托于1860年10月在正阳门城楼上拍摄，画面中包括了大清门、正阳门登城马道、天棚、千步廊、妙应寺白塔、振武牌楼、敷文牌楼、下马碑、前门贴告示等处。

知识链接
　　虚拟现实技术（英文名称：Virtual Reality，缩写为VR），实现方式是计算机模拟虚拟环境，从而给人以环境沉浸感。

知识链接
　　河北旅游虚拟体验网是全国第一个全省性采用"三维虚拟成像技术"，实现游客在网上身临其境虚拟游览景区的平台系统，也是全国第一个集景区信息展示、导航、导购、景区监控于一体的综合性旅游信息发布平台。

知识链接
　　全景图从外在表现上可分为柱形全景和球形全景。柱形全景就是最普通的"环视"，可以360度环视，但是上下的视野受到限制。球形全景可以看到水平360度，上下180度的范围，看球形全景是位于球的中心观察。

　　全景影像能够再现真实的环境，并且介入其中参与交互，使其技术可以在许多方面得到广泛应用。随着各种技术的深度融合，现阶段除了看电影和玩游戏之外，还可以在新闻、教学、医疗、旅游、餐饮、电子商务、房地产、展览馆等领域得到极大的应用。

三、全景的分类

　　全景分为虚拟现实和3D实景两种。虚拟现实是利用Maya等软件，制作出来的模拟现实的场景，代表作有虚拟紫禁城、河北旅游虚拟体验网、泰山虚拟游等；3D实景是利用单反相机或街景车等获取实景照片，然后通过特殊的拼合处理，最终将场景最美的一面展现出来，常应用于山水风光、名胜古迹、城市风光、房地产、企业面貌、特色街区等特殊场景的实景展示中。

四、全景的特点

　　全景顾名思义就是360度全方位实景图像，给人以三维立体感觉，此图像有以下三个特点。

　　（一）全：全方位，全面地展示了360度球型范围内的所有景致；

　　（二）景：实景，真实的场景，三维实景大多是在照片的基础之上拼合得到的图像，最大限度地保留了场景的真实性；

图1-1-3　虚拟旅游

　　（三）360：360度环视的效果，虽然照片都是平面的，但是通过软件处理之后得到的360度实景，却能给人以三维立体空间的感觉，使观者犹如身在其中。

任务2　摩拳擦掌——全景影像实拍流程

【理论描述】

5G的普及，极有可能将全网的环境展示换成全景影像，观赏者足不出户体验、交互。全景是基于全景影像的真实场景虚拟技术，一般来说全景相机是由显示屏、处理器、传感器、摄像机、无线连接以及镜片等构成。那么，如何运用全景相机进行拍摄呢？

【任务描述】

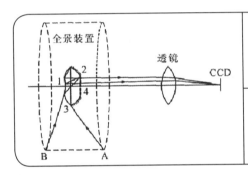

任务目标：了解全景实拍流程：前期准备、调整安装、拍摄等。

全景实拍流程简单，但要拍摄优质画面还是需要仔细琢磨。

【任务导图】

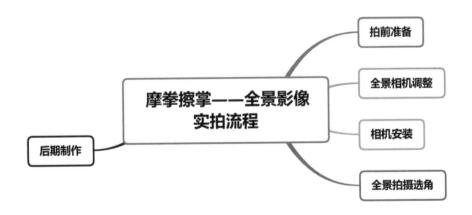

【实现过程】

全景影像拍摄与平面影像拍摄有一定的区别，具体有以下过程。

知识链接

全景拍摄设备（全景相机）又称全方位摄像机。在摄影领域，全方位摄像机指在水平方向上拥有360度视角的摄像机，或者视角可以覆盖球面（近似于）的摄像机。

理论迁移

第五代移动通信技术（简称5G技术）是最新一代蜂窝移动通信技术，它的性能目标是高数据速率、减少延迟、节省能源、降低成本、提高系统容量和大规模设备连接。

全景相机包含了消费类全景相机和行业应用的企业级全景相机。

消费级全景相机与专业级产品的区别是：

1.消费类相机分为手机配件式的全景相机和WiFi独立工作的全景相机，这类相机主打性价比，需要在画质、功耗、产品形态上做一些平衡。

2.行业应用的全景相机分为光场全景相机、3D全景和全景相机，主打高分辨率、高帧率、全面的参数设定和后期处理等功能，价格上相比消费级也更加昂贵。

一、拍前准备

单反相机、广角镜头、三脚架（推荐使用可延伸的高杆三脚架）、全景云台（要使用专业全景拍摄云台）

图1-2-1　全景影像拍摄设备

使用单反相机拍摄的全景素材可呈现清晰的全景图片，广角镜头可开阔镜头视野，减少360°全景照片的拼接张数，在此基础上，也更利于拼接。为保证相机拍摄的稳定，必不可少要用到三脚架，更专业的设备有全景云台。

二、全景相机调整

（一）首先要调整好全景相机，将镜头对焦模式调整为手动对焦。

（二）将对焦环调整至无限远，以保证拍摄的全景图像远处画面也能清晰呈现。

（三）在拍摄过程中不要调整焦距，以免拍摄出的图片因镜头节点发生变化而导致图片无法拼合。

（四）为保证相机成像的质量，则需要调整相机参数，根据环境则需要调整相机的感光度、曝光补偿、焦段、光圈值。

（五）最后架设相机三脚架，并将脚架调整至水平状态。

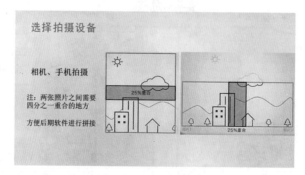

图1-2-2　重合图

三、云台调整

（一）安装云台至脚架上，并将其调整至水平。

（二）调整云台至垂直方向。

（三）安装相机至云台上，并将相机调整至垂直向下。

（四）以刻度垂直线为参考线确保相机垂直中心点与参考线平行。

（五）校准后将云台臂杆向地面垂直调整至向地面平行。

（六）调整相机，确保相机水平方向与地面平行。

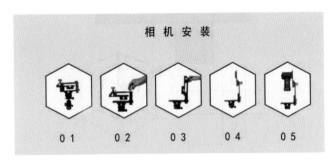

图1-2-3　云台安装步骤

四、全景拍摄选角

角度选择：水平、上斜、下斜、补天、补地

（一）调整角度分别是水平0°，上斜35°，下斜35°等。

（二）根据云台指针上方刻度分别调整水平、上斜、下斜方向，并确保对焦清晰。

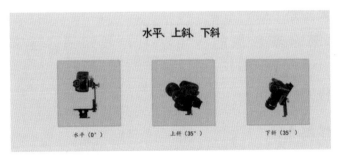

图1-2-4　全景相机选角

知识链接

全景云台具备两大功能：1.可以调节相机节点在一个纵轴线上转动；2.可以让相机在水平面上进行水平转动拍摄；保证相机拍摄出来的图像可以使用造景师软件进行三维全景的拼合。

知识链接

全景镜头是利用全景技术，获得水平方向上全360°，这种成像方式能实时提供对象和环境的全方位信息，为后续的图像处理和分析争取时间。

五、后期制作

全景图传统后期制作的方法，一般是将2-8张的普通照片进行拼合，拼合后可以生成球形全景图或者立方体全景图。不过随着技术的进步，全景图的制作也简单了起来，比如说，手机相机中的全景拍摄功能，只要举着手机原地转上一圈就可以很轻松地拍摄出全景照片。

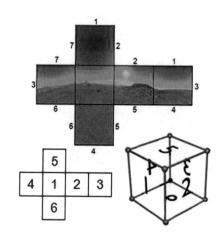

图1-2-5　拼合展示图

比全景图片更进一步的是全景视频，全景视频与全景图的制作方式并没有本质上的区别，基本上都是将多个鱼眼相机拍摄的视频通过软件进行拼接与融合。

【任务小结】

通过本节全景影像的学习，我知道了全景影像又称_____，历史上著名的全景图是_____。

通过本节全景影像的应用学习，我知道了全景影像可以在_____、_____、_____、_____、_____、_____等领域得到极大的应用。

【挑战任务】

尝试拍摄第一张全景图，记录流程拍摄流程。

1.设备准备 _____

2.设备调整 _____

3.拍摄过程 _____

4.后期调试 _____

任务3　锋芒毕露——全景影像的优势

【理论概述】

随着科技的进步，全景摄影的技术得到了很大的提升，从早期的手动拼接，到后来可以通过PS等软件进行拼接，再到现在可以通过智能手机中的App来完成全景图片的拍摄，不仅大幅缩短了全景摄影的拍摄时间，同时作品的效果也得到了很大的提升。

【任务描述】

任务目标：了解全景摄影的特点优势，学会区分不同类型的全景摄影	
了解全景摄影的优势，设备的选择和对比，拍摄的基本流程。	

【任务导图】

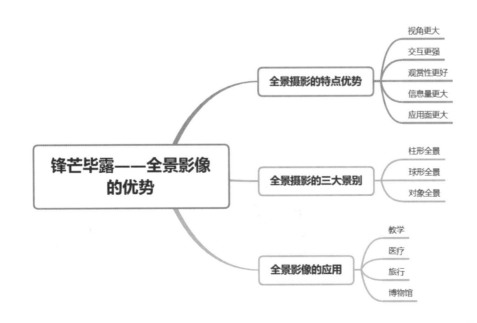

【实现过程】

一、全景摄影的优势

1. 视角更大。全景摄影突破了原有的普通相机的固定比例和大小，可以更为全面地覆盖所拍摄的景物，覆盖四面八方，同时包括水平360度和垂直720度的景物，使观赏照片的人可以在同一张照片中全方位、全视角，且无死角地观看拍摄的景物。如图1-3-1所示。

图1-3-1　360°全景照片

2. 交互更强。有别于传统的在二维平面上展示的照片，全景摄影可以通过更先进的技术，在不同的设备上展示照片，比如支持全景照片的手机App，计算机软件，甚至是穿戴式的VR设备。通过VR技术，还可以实现VR漫游功能，生成一种虚拟的情境，这种虚拟的情境可以将人们肉眼所见的画面模拟在软件中。通过这种三维立体动态的情境，更能让观看者沉浸在照片中，仿佛置身于真实的世界中。例如很多电子地图就可以让人们足不出户，就仿佛置身于另一个国家的街道上，进行一种虚拟的旅行。如图1-3-2所示。

图1-3-2　VR头盔

例如，通过H5展示720度全景摄影，可以更好地展示当下的环境或是产品的介绍，常用于旅游景点、酒店房间、公司宣传、房产介绍等方面。应用不同的需要，可以通过这一手段打造一个全方位无死角的展示平台。比如汽车之家的网站中，就通过这种技术，展示汽车的车内空间，同时还融合文字介绍，突出汽车的不同配置，点击不同的文字还可以查看更详细的介绍，从而为消费者提供一种更方便快捷，也更加有趣的看车方式。如图1-3-3所示。

图1-3-3　VR看车

3.观赏性更好。全景摄影相较于传统摄影，可以容纳更多的景物和对象，对不同的观赏者来说，他们可以自由选择自己喜欢的部分浏览，由此产生不同的观看效果，并营造出不同的氛围和感染力。

4.信息量更大。全景摄影不同于传统照片的优势在于可以涵盖更大的信息量。主要体现在两个方面：一是全景摄影可以容纳更多的景物和对象，扩大单张作品中的信息量；二是全景摄影可以通过VR设备，或是互联网设备观看，可以添加文字、视频等其他信息，从而更加真实和全面地展现拍摄的内容。如某房地产公司的房产介绍，就通过这种形式，让潜在的购房者能够对想选购的房型有更全面的了解，如图1-3-4所示。

图1-3-4　VR看房

5.应用面更广。如今全景摄影已经渗透各行各业中，如旅游、销售、装修、酒店、娱乐行业等，与传统的平面传播相比，传播更加轻松，交互更强，形式更多样化。

例如，很多汽车都有全景影像系统，就是利用全景摄影技术，在汽车的四周安装多个摄像头，再通过软件拼接，实时展示周围的情况，形成一幅车辆四周无死角的全景图，以帮助驾驶员更好地了解车辆周围的情况。

图1-3-5　汽车360度影像

二、全景摄影的三大类别

根据不同的全景展现形式，可以将全景摄影分为柱形全景、球形全景、对象全景这三大类。

1.柱形全景。柱形全景可以这样理解，将相机放置于一个固定的位置，然后朝着一个方向水平旋转360度，拍摄多张照片并进行拼接，即可得到一张水平360度的柱形全景图，这应该是最为简单的全景形式，如图1-3-6所示。

图1-3-6　柱形全景

学习思考
　　常用的手机全景摄影是哪种全景摄影？

_____

_____

_____

_____

_____

通过柱形全景图，观赏者可以在水平360度的范围内浏览这张照片。在全景浏览器或是VR设备中查看时，只能用左右拖动，而不能进行上下拖动的操作，也就是说上下的视野被限制在一定的范围内，通常这个垂直视角要小于180度，无法看到天空和地面的全景。对柱形全景来说，我们只需要上下各补拍一张照片，即可得到360度×180度的全景图。

2.球形全景。球形全景又被称为微缩星球摄影，是用相机多角度拍摄四面八方以及上下的景物并拼接，即可得到一个空心圆球形状的画面场景（如图），视点刚好位于球体的正中心，可以实现360度×360度的全视角展示，如图1-3-7所示。

图1-3-7　球形全景

3.对象全景。对象全景主要用于展示某个对象的三维景象，拍摄时通常保持机位固定不动，每一次转动一个固定的角度，拍摄一张照片，直到完全环绕这一物体一周，之后将这些照片进行拼接，生成一张全景图片。在全景浏览器或是VR设备中，我们可以通过对设备的操作，全方位地查看被摄物体的全貌。

例如，在汽车之家上我们可以通过这种形式的全景照片，全方位地了解想要购买的车辆的全貌，如图1-3-8所示。

图1-3-8　对象全景

项目2　全景图片拍摄

项目目标：

通过本章节内容的学习，了解全景摄影，熟练掌握全景摄影的拍摄流程，学会如何区分和选择不同的便携全景拍摄设备，能够使用单反相机拍摄制作全景照片所需要的素材。通过不同案例的实践教学，达到能在不同场景下完成全景照片拍摄的预期目标。

项目要点：

◆ 全景设备简介
◆ 全景图片入门拍摄
◆ 全景图片进阶拍摄

任务1 厉兵粟马——全景设备简介

配套微课　拓展资源

【理论概述】

全景摄影拥有更好的观赏性、艺术性，在生活中也被应用到了方方面面。随着科技的发展，以及人民对全景摄影越来越高的关注与应用，各类型的拍摄设备以及其辅助设备也随之被研发与推出。本节主要对各类全景摄影的适用器材进行简单的介绍。

【任务描述】

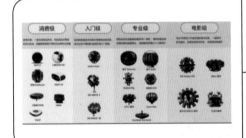

任务目标：了解不同的全景摄影设备，并了解其特性

了解不同的便携式全景摄影设备，学会选择不同的全景摄影设备。

【任务导图】

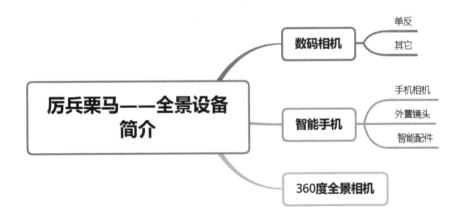

【实现过程】

一、数码相机

从理论上来说，所有带有拍摄功能的数码产品都可以用来拍摄全景照片，这点要求很容易被满足，包括单反相机、微单相机、卡片相机、手机、iPad等。

但是，想要拍摄出更优质的全景图片，比如用于各类商业使用的全景照片，还是建议使用135画幅的全幅数码单反相机进行拍摄。这类数码单反一般都是相对专业的相机，拥有更为优质的感光元件，能够更好地记录所需要拍摄的景物。同时，这类专业单反的处理器也相较于一般的家用相机更为出色，拥有更快的响应和处理速度，能满足连续快速的照片拍摄的需求。除此之外，单反相机也是可选择配件最多的一类相机，可以根据使用者不同的需求，自行配置不同的镜头和其他配件。最后，也是最重要的一点，单反相机的设置可以完全由拍摄者自行决定，这一卓越的手控能力使得拍摄的照片可以非常方便地进行后期的处理，完全满足全景摄影的需求，如图2-1-1所示。

图2-1-1　单反相机

二、智能手机

在5G时代，手机变得与人们的生活息息相关，越来越强大的手机功能也可以满足人们各方面的需求。其中手机的摄影功能在过去的十年中就取得到了长足的发展，手机摄影也成为一种新的流行。在依赖相机拍摄的时代，摄影还是一个小众的爱好。随着手机摄影的发展，摄影也成为与大众相关的爱好。其原因主要是手机摄影的功能和质量得到了巨大的提升，在社交网络流行的当下人们可以通过手机摄影，

知识链接

使用相机摄影都得要有记录影像的感光材料，传统相机的感光材料是胶片，数码相机的感光材料是感光元件（CCD或CMOS），感光器面积的大小与35mm胶片面积相比，如果接近或相等，就是全幅规格，采用该规格尺寸的单反相机就是全幅单反相机。

快速分享自己的日常生活。同时相较于动辄大几千的单反相机，更多的人愿意花同样的钱去购买一支使用率更高的手机。手机拍照功能的发展，使得摄影这一艺术形式变得越来越接地气，甚至成为人们的一种习惯，如图2-1-2所示。

图2-1-2　手机拍摄

现在，各家手机厂商纷纷推出以摄影为主要卖点的智能手机，比如华为的mate系列，iPhone历年的旗舰机型，OPPO和VIVO的拍照手机等。这些手机的价格大致在4000元到8000元不等，相较于一台动辄上万元的全画幅相机，手机的消费无疑拥有更高的性价比。手机的摄影功能也久经市场的检验，目前平均在一千万像素以上的手机也足以满足绝大多数的生活实用场景。有些手机拍摄的照片甚至可以和数码相机媲美。各类手机摄影大赛也吸引着无数摄影爱好者年复一年的参与，比如iPhone摄影大赛和华为摄影大赛。人们对手机摄影功能的要求和期待，也使得手机摄影的研发部门在这一领域投入更高的精力，来满足用户的需求。

除了手机相机本身的素质已经有了一定的保障，手机摄影的另一优势体现在可以及时通过手机内的各种App对拍摄的图片景象进一步处理，而相机还需要先将拍摄的照片导入电脑，再进行下一步的处理，其操作难度和复杂程度也是远高于手机，无疑手机摄影在移动数码产品的时代大大降低了摄影的准入门槛。基本上，每一只手机的相机中都配备了原厂的全景摄影功能，用手机拍摄的全景照片一般为柱形全景，如图2-1-3所示。

图2-1-3　手机全景

三、智能手机摄影配件

　　除了使用手机原本带有的相机进行拍摄，为了满足手机摄影爱好者日益增长的摄影需求，各大厂商也陆续推出了一系列手机全景摄影配件供消费者选择，这些配件主要分为两种形式：1外置镜头，通过在手机镜头外添加外置镜头，手机原本的镜头焦段一般在22-35mm之间，是一种适合日常拍摄的焦段。但这对于全景摄影来说是不够的，于是一些厂商便推出了外置的鱼眼镜头，以增大相机的拍摄角度，如图2-1-4所示。2智能配件，这种配件一般通过手机的充电口和手机连接，相当于给手机增加了新的镜头。比如华为推出的华为全景镜头，通过前后两个超广角镜头拍摄，再由相应的App实时处理，生成全景图片，这种全景图片一般为球形全景。其优点在于单个的配件价格比较便宜，用几百元的价格就可以购买到，可以配合手机使用，满足日常生活中的拍摄需求。如图2-1-5所示。

图2-1-4　手机外置镜头　　　　　图2-1-5　智能配件

四、360度全景相机

随着全景摄影和VR技术的普及，越来越多的人开始接触和了解全景摄影。传统的全景摄影需要用到专业的单反相机进行拍摄，然后通过对应的软件进行照片的拼接，这对于普通人来说具有一定的准入门槛。然而便携式360度全景相机的问世彻底改变了这一局面，让全景摄影从一个高专业、高门槛的技术，瞬间变成一个任何人都可以尝试创作的事情。

日常使用级别的360度全景相机具有极高的便携性以及易操作性，它的大小和一般的运动相机无异，通过前后两个超广角镜头拍摄，直接输出一个360度×360度的球形全景文件。还可以在手机上安装专用的App，即时对拍摄的图片进行编辑和查看。如果对照片有更高层次的要求，也可以将文件导入电脑，通过更专业的软件进行编辑。它的价格通常在3000元左右，虽然比手机的智能配件要贵，但其出色的表现以及拍摄的趣味性，也是大多数摄影爱好者可以接受的。

相比于手机的智能配件，我们可以理解为，360度全景相机将全景镜头和处理的机身结合在一起，可以独立完成拍摄任务；而智能手机配件则只是手机功能的延伸，需要通过手机进行运算。可以独立工作的全景相机则摆脱了手机的限制，可以在更多场景下进行拍摄，比如Insta 360R（图2-1-6）就具有防水功能，可以完成水下的拍摄工作，全景相机操作界面如图2-1-7所示。

图2-1-6　360全景相机

图2-1-7　360全景相机操作界面

任务2　小试牛刀——全景图片入门拍摄

【理论概述】

相较于手机或者智能全景照片拍摄设备，使用单反拍摄全景照片，摄影者可以根据不同的使用场景自行对相机的参数进行设置，得到满足需求的照片。想要拍摄出更优质的全景图片，比如用于各类商业使用的全景照片，还是建议使用135画幅的全幅数码单反相机进行拍摄，以便得到更好的画质，且有利于后期制作。

然而，使用单反相机拍摄，对拍摄者的摄影基本能力有一定的要求，在拍摄全景照时，也需要进行一定的学习和训练，从而掌握拍摄全景照片的基本流程。

【任务描述】

	任务目标：了解使用单反相机进行全景摄影的基本流程
	学习使用单反拍摄全景照片需要哪些步骤和流程

【任务导图】

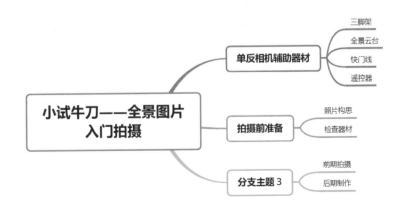

【实现过程】

一、单反相机拍摄的辅助器材

想要得到画质清晰照片，只依靠高像素、高价格的单反相机和镜头，以及摄影师的摄影技术是远远不够的。当我们进行全景照片的拍摄时，还需要一些摄影的辅助器材，帮我们在拍摄时更好地稳定及移动镜头，便于快速完成全景摄影的拍摄。

（一）三脚架

三脚架（图2-2-1）的主要用途是在拍摄照片时更好地稳定相机，以便实现所需要的摄影效果。在挑选和购买三脚架时，需注意三脚架主要的用途是稳定相机，所以其稳定性是最主要的考量因素。除此之外，三脚架作为最常用的摄影辅助器材，其便携性也是需要考虑的因素，方便日常携带。

三脚架的首要功能是稳定性，为摄影提供一个稳定的平台，拍摄时需要保证相机的重量可以平均分布到三条腿上，即在使用时需确保三脚架的中轴与地面保持垂直。市售的三脚架一般都配有水平指示器（图2-2-2），以帮助摄影师判断。

图2-2-1　三脚架　　　　　　　　图2-2-2　水平仪

三脚架在全景摄影拍摄时的基本作用有以下几点。

（1）将相机固定在一个点上，拍摄时可以以这个点为中心，移动相机，进行拍摄。

（2）保证相机在转动的过程中处于同一水平位置，不产生偏移，以便后期的处理。

（3）在进行长时间的曝光时，保证相机的位置不产生移动，使拍摄的照片不会模糊。

（二）全景云台

相对专业的三脚架往往可以搭配不同类型的云台进行拍摄，在拍摄全景照片时，我们需要选择全景云台（图2-2-3）辅助拍摄。全景云台一般会配有带刻度的旋转机构，可以帮助我们更好地掌握拍摄时的旋转角度，使每次的旋转角度保持一致，防止漏拍。更高阶的全景云台在旋转时还会发出"咔哒"的触感反馈声，在拍摄时摄影师可以通过声音的反馈，更快速地确定旋转的角度，也可以留出一部分的精力观察需要拍摄的景物。

图2-2-3　全景云台

（三）快门线和遥控器

快门线（图2-2-4）可以有效地防止拍摄时的抖动，通过一根数据线连接机身，实现对焦，触发快门等操作，避免手动按压快门时产生的机身抖动。

遥控器（图2-2-5）指的是无线快门控制器，可以理解为没有线的快门线，通过2.4GHz的无线数字信号进行数据的传输。遥控器通常分为接收器和发射器两部分，最远距离大概为100米。

图2-2-4 快门线

图2-2-5 拍摄遥控器

二、拍摄前的准备

除了对相机基本功能设置的了解，在实际进行全景照片的拍摄前，我们还需要做一些准备工作。

（一）从整体思考照片

全景照片一般都是由多张照片拼接而成，在拍摄前需要从整体的角度出发，思考要如何对这张照片进行规划，无论是从相机的参数设置、对焦测光的方式或是对照片构图的思考，甚至是后期的拼接调整等。这些都是在实际进行拍摄前需要考虑的，以此来保证照片整体的平衡。

例如，在进行全景照片的拍摄前，我们可以做如下思考。我为什么要拍下这张照片？是什么吸引我有按快门的冲动，这个吸引我的东西是不是这张照片的灵魂所在？我想通过这张照片表达些什么？这些问题都是我们在进行创作前可以思考的问题。

（二）检查所需的器材

在实际拍摄前，我们也需要对自己所需要的摄影器材进行检查，包括是否带齐了所有的装备，以及带上的装备功能是否完整可用。

1.相机和镜头的检查。检查相机机身和镜头的功能是否正常，感光元件以及镜头的镜片上是否有脏污，是否需要清洁，如图2-2-6所示。

2.电池的检查。拍摄全景照片需要进行大量的单张照片拍摄，这对电池的续航能力有一定的要求，因此我们在进行拍摄前需要对电池进行检查，包括是否充满电，或者可以多带几颗备用电池，如图2-2-7所示。

知识链接

用单反相机拍摄全景照片时，设置适合的白平衡可以确保被摄对象的色彩不受光源的影响。我们可以根据画面色温的高低，来调整白平衡模式。

3.储存卡的检查。拍摄全景照片往往需要拍摄大量的照片以便后期的拼接处理。这对于储存卡的储存容量有一定的要求，需要确保足够的储存容量，储存卡没有损坏。可以多带几张储存卡以备不时之需，如图2-2-8所示。

图2-2-6　清洁感光元件　　图2-2-7　相机电池　　图2-2-8　储存卡

4.摄影配件的检查。检查是否携带三角架、全景云台、快门线等所需的摄影配件，其功能是否完好。

5.选择合适的场景。常见的全景照片一般是在气势恢宏、场景辽阔的地点进行拍摄，当我们进行这一类全景照片的拍摄时，需要选择离被摄物体有一定距离的地方进行拍摄，确保拍摄的顺利进行。如果是在人多的地方进行拍摄，还需要注意行走的行人，防止出现人物的重复，以免影响后期的拼接。尽量还是要选择在人少的地方进行拍摄，如图2-2-9所示。

图2-2-9　全景范例

三、实际拍摄的基本步骤

当我们了解完全景摄影的基本知识，做好了拍摄前的准备工作之后，就可以尝试进行全景照片的拍摄了。对于刚接触全景摄影的人来说，还需要了解全景摄影的八大步骤，在实际拍摄时便于参考。

（一）选择取景对象，确定尺寸

进行全景拍摄的第一步是选择合适的拍摄对象，选择一个合适的拍摄主题。常见的单反相机已经具备了很优秀的拍摄功能，再加上各种摄影配件的辅助，基本上可以拍摄所有的全景题材。因此，我们只需要掌握一定的全景摄影技巧，对想要进行拍摄的主题有一定的研究，就可以拍摄出不错的全景作品。

在室外拍摄画面辽阔的全景照片时，可以选择一些视野辽阔的地方，越高的地方则可以拍摄到更远的景物，可以尝试在一些高楼的楼顶或是山顶进行拍摄。或者在视野开阔、场景辽阔的地方进行拍摄，以取得更广阔的视野，如图2-2-10所示。

图2-2-10　室外全景

在室内进行全景照片的拍摄时，则主要关注场景内的光线，室内拍摄一般为球形全景的展示，需要关注拍摄时的人员流动，尽量在没有人的时候拍摄。如图2-2-11所示。

图2-2-11　室内全景

（二）曝光参数的选择

在进行全景照片拍摄时，我们可以先使用光圈优先模式，对拍摄的对象进行测光和尝试拍摄，选择一个合适的曝光参数，用于接下来的拍摄。

然后将相机的拍摄模式调节到手动模式，并调节好各项参数，如光圈大小、快门速度、感光值、白平衡等，然后开始实际的拍摄。光圈优先模式如图2-2-12所示，手动曝光模式如图2-2-13所示。

（三）使用手动对焦确定焦点

一般在相机的镜头上有一个开关键，上面写着"AF"和"MF"，分别代表了自动对焦模式和手动对焦模式，将这个开光调节到对应的位置就可以将对焦模式调节到相对应的模式。因此我们只需要将开关推到"MF"档，即可开启手动对焦模式，如图2-2-14所示。

图2-2-12　光圈优先模式　图2-2-13　手动曝光模式　图2-2-14　对焦设置

（四）找共同点，定拍摄类型

可以通过相机的取景框或肉眼观察场景周围的特征，确定拍摄模式和类型，如横拍、竖拍或者矩阵模式等，这些都要事先确定好。例如，在拍校园操场这组全景照片前，先在画面中寻找一些共同点，其中最明显的莫过于这个绿色的足球场，在前期拍摄的照片中都包含了足球场，这个共同点有利于后期进行拼接。

（五）平移拍摄，注意重合

在进行全景拍摄时，注意相机要水平移动，而且每张照片的大小应均等。由于每个人使用的相机镜头类型和取景范围不一样，因此拍摄的照片数量也有差别。但是不管拍摄多少张，都要将取景的画面进行均分。例如，在拍摄180度全景时，如果打算拍6张照片，那么每张照片的旋转角度应为30度，并且要让各张照片之间的重叠部分大小一致。

　　如图2-2-15所示，学校小广场的全景照片，以学校教学楼作为画面的共同点，拍摄者将相机从右至左水平旋转，拍摄了4张照片，如图2-2-15所示，每张照片的重合度超过了一半左右。

图2-2-15　全景素材

　　第一张照片中最高的那棵树，占据了画面左侧一半的面积；到了第2张照片中已经只剩下三分之一。也就是说，第一张照片中最高的那棵树右侧的部分与第2张照片中的内容是完全重合的。后期拼接效果如图2-2-16所示。

图2-2-16　合成效果

　　拼接软件都需要通过节点来完成拼接，通过智能识别照片中的节点，后期拼接出来的照片才能完整，而不会出现断层或者畸形。如图2-2-17所示为拼接点，建议在全景照片的拍摄中，每张照片的重合部分在三分之一左右，如图2-2-17所示。

图2-2-17 软件识别点

（六）检查照片，多拍几组

每拍完一组照片，都应对拍摄的照片进行检查，并且注意查看照片中的重合和预留部分。重合之前已经提到，是在后期拼接中用到的识别部分，预留主要是为了照顾全集照片的两侧，在旋转拍摄的过程中，两侧的照片都会出现偏移和畸变的问题，使得照片两边的水平变得非常不对称，如图2-2-18所示。

图2-2-18 畸变范例

因此，为了在后期制作的过程中最大程度地保留全部的画面，不用裁切，过多的画面，需要在拍摄时对两侧的画面进行补拍，使后期拼接的照片更加完整。或者说在进行拍摄时，可以在第一张照片和最后一张照片的前后，各多拍一张照片，以便于后期的拼接。

（七）巧妙区分每组照片

完成一组照片的拍摄后，可以拍摄一张手，或者镜头盖之类的物品，作为每组照片的区分点，以便后期对照片进行整理和区分，方便后期制作。如图2-2-19所示。

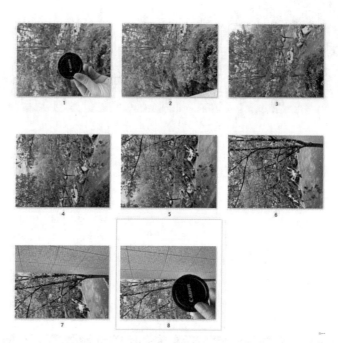

图2-2-19　区分技巧

（八）后期制作

通过专业的软件对拍摄的照片进行拼接，得到一张完整的全景照片。除了拼接之外，还可以通过PhotoShop（图2-2-20）或者LightRoom之类的软件，对照片进行调色、裁剪等处理。

图2-2-20　合成软件

任务3 初露锋芒——全景图片进阶拍摄

【理论概述】

在前面的章节中我们已经介绍了全景照片的概念、分类、全景摄影的相关器材，并对全景摄影的拍摄流程有了一定的了解，掌握了单反相机的相关设置和操作。

在实际的全景摄影拍摄的过程中，面对不同的情况，我们也需要对拍摄的方法和技巧做出一定的调整，以更好地适应不同环境下的照片拍摄，得到理想的作品。在本章节的学习中，将介绍应该使用何种方法进行全景摄影的拍摄。

【任务描述】

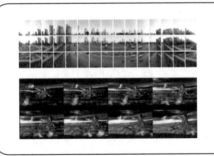

任务目标：掌握全景照片的拍摄技巧
了解矩阵模式的概念，掌握矩阵拍摄的几种常见模式

【任务导图】

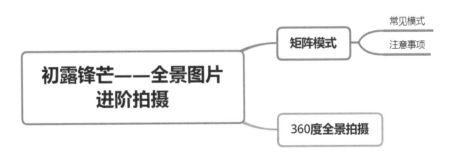

【实现过程】

一、矩阵模式

矩阵模式是拍摄360度全景漫游作品时最常用的拍摄方法。矩阵模式从某种程度上来说就是横列模式和纵列模式的组合，单张照片呈多行多列的排列形式。如图2-3-1，通过对教学楼的拍摄可以看出，拍摄者采用了竖画幅的拍摄方式，从左向右拍摄了3张照片，从上到下拍摄了3张照片，组合成了一个3×3共9张的矩阵。再通过后期拼接处理完成了如图2-3-2所示的照片。

通过矩阵模式拍摄的全景照片，相比于单纯的横列模式或者竖列模式，可以包含更广阔的空间，尽可能多地展示当下的环境和景物，相比于横列或者数列模式长条形的全景照片，用矩阵模式拍摄的全景照片更接近于普通照片的比例，但是可以带来更壮观的视觉效果。

图2-3-1　全景素材　　　　　图2-3-2　合成效果

二、矩阵拍摄的几种常见模式

在之前的章节中，我们已经介绍过矩阵拍摄模式是一种常用的全景照片拍摄模式，但是在后期的制作中，很多人会遇到困难，软件无法自动识别图片的重合部分，导致拼接的失败。这里要提到一个非常重要的前期拍摄技巧，应该在拍摄时注意拍摄的顺序，在此将矩阵模式的常用顺序总结如下。

（一）从左到右模式

不论拍摄几行照片，一律按照从左到右的顺序进行拍摄，如图2-3-3所示。

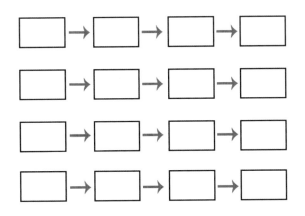

图2-3-3　从左到右

（二）从右到左模式

不论拍摄几行照片，一律按照从右到左的顺序进行拍摄，如图2-3-4所示。

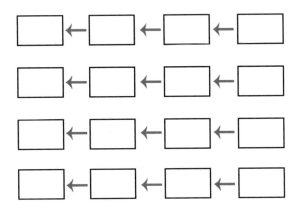

图2-3-4　从右到左

（三）从上到下模式

不论拍摄几列照片，一律按照从上到下的顺序进行拍摄，如图2-3-5所示。

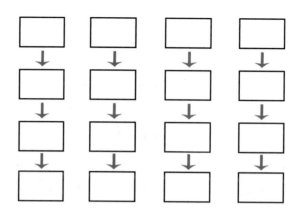

图2-3-5　从上到下

（四）从下到上模式

不论拍摄几列照片，一律按照从下到上的顺序进行拍摄，如图2-3-6所示。

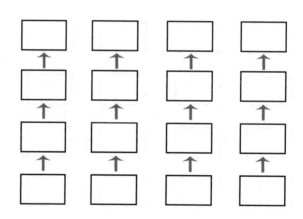

图2-3-6　从下到上

（五）水平横向顺序模式

不论拍摄几行照片，一律按照从左到右，再由右到左的顺序进行拍摄，如此反复，如图2-3-7 所示。

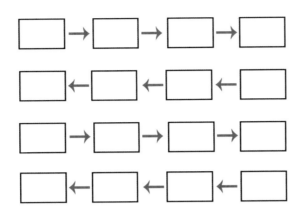

图2-3-7　水平横向顺序

（六）垂直纵向顺序模式

不论拍摄几列照片，一律按照从上到下，再由下到上的顺序进行拍摄，如此反复，如图2-3-8所示。

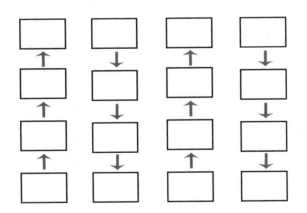

图2-3-8　垂直纵向顺序

★ 在这里也提出几点注意事项：

1.掌握以上矩形拍摄的顺序，是接好片的前提，但核心与关键却在于相邻单元照片的重叠量。建议至少在百分之三十以上，三分之一左右为最佳，重叠量越少，则意味着接片的控制点越少，软件后期接片的难度就越高。而且在拍摄时，尽量选择带有明显特征的标记性景物，以便上下左右方便辨认、对应，使相邻照片存在共同的重合点。

拍摄时一定要保持水平或垂直的平衡，这样在后期接片时才能顺利拼接。

2.矩形分块拍摄时，要注意保持连续，避免前后拍摄时间过长，造成光线差异，影响后期的制作和拼接。

3.拍摄的角度越大，如360度，景物上下左右越多，如连拍30张以上，景物变形越大，而各景物的重叠量则取决于拍摄的熟练程度。如果熟练度差、边缘变形大，那重叠的部分就要多一些，反之则少一些。

三、360度全景拍摄

拍摄360度全景照片，需要运用矩阵模式进行拍摄，将相机所在地作为中心，如图2-3-9所示。拍摄其上下、前后、左右所有的照片，即360度乘360度的照片，然后通过专业的软件进行拼接。

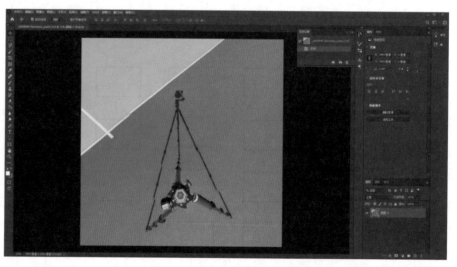

图2-3-9　三脚架位置

在拍摄之前，需要保证画面的简洁。也就是说，画面中不要有太多的人或者物体。因为不论是拍摄360度还是270度，或是180度的全景照片，主体越突出、越单一，就会使得拼接点明显，就越容易拼接；越多、越复杂的影像，拼接点就越乱，要想完全接上，难度就会直线上升，如图2-3-10所示。

图2-3-10　合成过程

在拍摄时，拍摄者必须准确地找到，同时采用矩阵模式进行拍摄，采用上下双排甚至三排的竖拍方式，即分别仰拍、平拍、俯拍一组照片。还要对正上方和正下方进行补拍，以确保后期拼接时的完整性，同时为更深层次的三维立体展示照片做准备。在拍好照片后，拍摄者可以运用PS或者PT软件进行照片拼接。图2-3-11所示为360度照片的拼接效果。

图2-3-11　合成效果

360度的全景照片，可以使用VR设备或是专业的VR浏览装置观看，会带来更好的观看体验。

【任务小结】

通过任务全景摄影的特点优势，我知道了全景摄影有＿＿＿＿＿＿＿＿＿＿

＿＿＿＿＿＿＿＿＿＿＿六种优势；通过任务全景摄影的分类我知道了全

景摄影有＿＿＿＿＿＿＿＿＿＿＿ 三种类别。

总结四种全景摄影设备的优缺点

自评　　　项目	优点	缺点
单反相机		
智能手机		
智能手机配件		
360度全景相机		

【自我评价】

说明：满意20分，一般10分，还需努力5分。

序号	内容	自我评分
1		
2		
3		
4		
5		
6		
7		
8		
9		
10		
11		
12		
13		

项目3　全景图片后期处理

项目目标：

通过本章节的学习，了解VR全景图片的后期缝合处理流程和PTGui的概念，如何对全景源图像进行编辑处理，如何调整全景图像中的控制点，如何编辑已经生成的全景图，如何输出保存全景影像文件。熟练掌握PTGui Pro软件，学会全景影像拼接，制作出完美的全景图片。

项目要点：

◆ 了解PTGui Pro
◆ 全景图的拼图流程
◆ 全景图的播放设备

配套微课　拓展资源

知识链接

　　PTGui是荷兰New House公司为德国Helmut Dersch先生的全景拼接工具Panorama Tools制作的一个用户界面软件。PTGui通过为全景制作工具提供可视化界面来实现对图像的拼接，从而创造出高质量的全景图像。

任务1　金兰之契——了解PTGui Pro

【理论概述】

　　PT即PTGui Pro的缩写，是一款专业的全景图片拼接软件，相比较Photoshop而言更加专业。

　　PTGui Pro软件操作简单、功能强大，能够快速生成多种全景图片，是一个功能齐全的高动态摄影图像接片工具。PTGui Pro有多种拼接模式，在默认状态下为"简单"模式。鼠标单击"高级"，可以切换到"高级"拼接模式。

【任务描述】

	任务目标：学习认识PTGui Pro的界面功能
	了解PTGui Pro软件的操作界面，输出格式。

【任务导图】

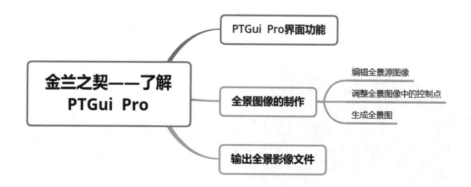

【实现过程】

一、认识PTGui Pro的界面功能

（一）开始设置

首先在使用PTGui Pro进行图片拼接前，要对一些功能进行相关的设置。选择"工具"—"选项"命（如图3-1-1所示），弹出"选项"对话框，可以设置"常规选项"EXIF"文件夹&文件""查看器""控制点编辑器""控制点生成器""全景图编辑器""全景工具""插件""高级"选项，如图3-1-2所示。

图3-1-1　主界面

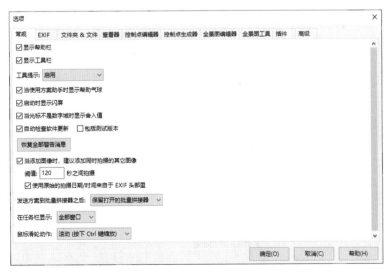

图3-1-2　导入素材

技能提示

　　双击左下方区域或右键、导入，这时会弹出文件框，点击文件，打开即可导入一段全景视频。

另外，高级模式下的"方案设置"选项卡也很常用，在这里能够定义方案特定的设置。例如，对准图像功能的行为与这个方案被加载在拼接器时会发生什么，如图3-1-3所示。

菜单栏—"方案"命令，在拼接全景图片时会高频率地使用其"计算所需的临时磁盘空间"命令，以便观察计算机的临时磁盘空间是否充足。

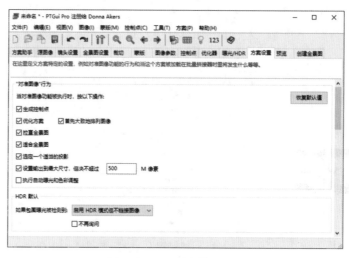

图3-1-3 操作设置

（二）文件菜单功能

打开软件，单击"文件"菜单，显示"新建""打开""最近的方案""应用模板"等，如图3-1-4所示。

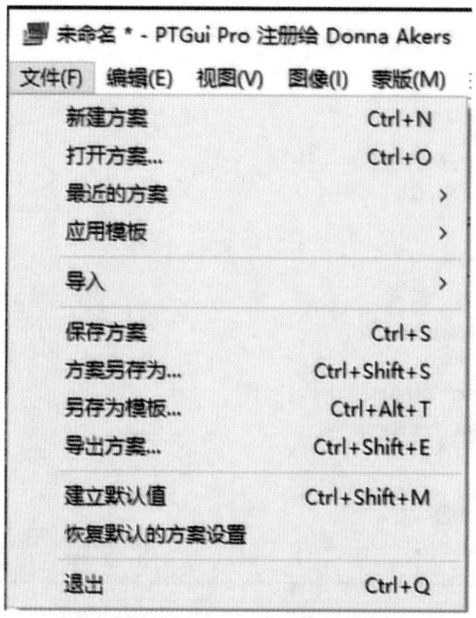

图3-1-4 文件菜单

每次创建全景作品时，PTGui Pro软件都会自动生成一个.pst的方案文件（如图3-1-5所示）。可以把在制作全景图时经常用到的方案参数以及操作作为模板保存，如图3-1-5所示。

图3-1-5　模板保存

（三）载入与编辑全景源图像

"编辑""视图""图像"是载入与编辑全景图像会用到的主要命令，如图3-1-6所示。"编辑"菜单主要包括撤销、重做；"视图"菜单（图3-1-7）包括放大、缩小、缩放到适合、缩放到100%，主要用于控制图像的显示；"图像"菜单（图3-1-8）包括添加、移除、替换等命令，可以进行基本的源图像编辑。

图3-1-6　编辑菜单　　　图3-1-7　视图菜单　　　图3-1-8　图像菜单

读书笔记

问题摘录

在“源图像”选项卡底部工具栏中，可以进行添加、移除、替换、上下移动、排序等操作命令，如图3-1-9所示。

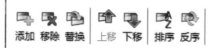

图3-1-9　底部工具栏

在PTGui Pro高级模式下，利用“方案助手”“源图像”“镜头设置”“裁切”等窗口编辑全景源图像。另外，还能够修改源图像的ISO、光圈值等，如图3-1-10所示。

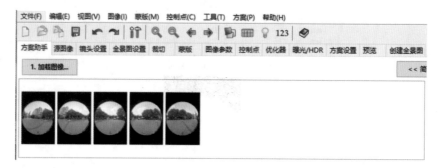

图3-1-10　参数修改

（四）编辑与优化控制点

我们可以通过“控制点”和“优化器”来编辑和优化控制点，控制点是使用PTGui Pro软件的重要功能，如图3-1-11所示。

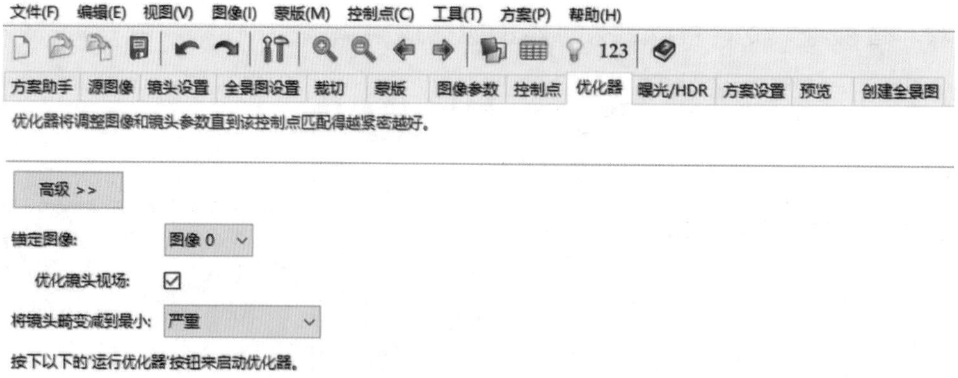

图3-1-11　优化器

菜单栏—"控制点"（图3-1-12）、"工具"（图3-1-13）、"方案"（图3-1-14）等命令可对控制点进行编辑和优化。

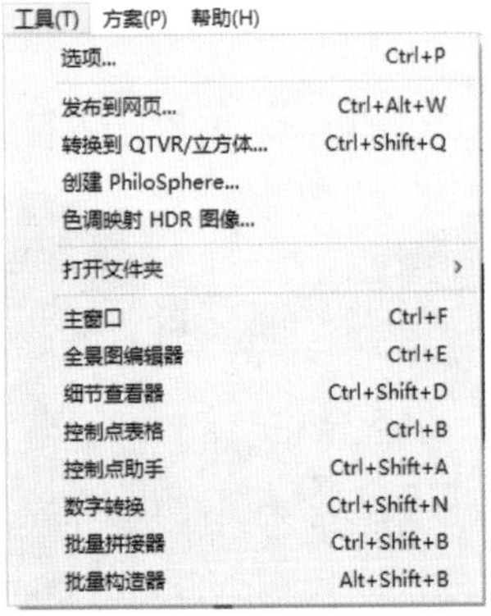

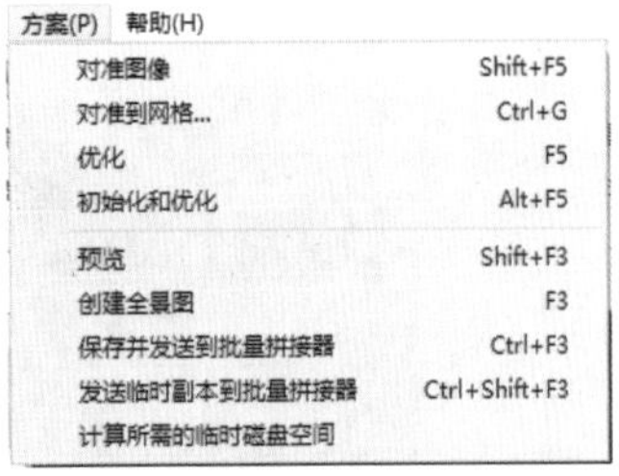

图3-1-12　控制点　　图3-1-13　工具菜单　　图3-1-14　方案菜单

（五）编辑全景图

PTGui Pro不仅可以编辑源图像，还能对已拼接的全景图进行后期调整，例如倾斜矫正、调整曝光、查看拼接效果等。这项操作主要运用"全景图设置""全景图编辑"等窗口，如图3-1-15 所示。

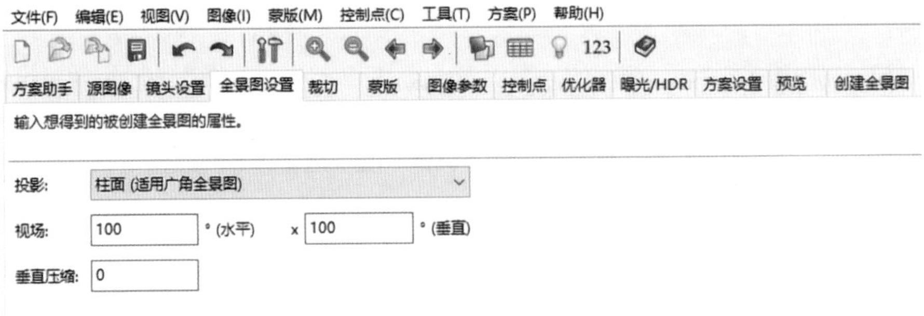

图3-1-15　后期调整

完成添加拼接源图像后，在"方案助手"窗口中点击"对准图像"，可以自动打开"全景图编辑器"。另外，工具栏中的"全景图编辑器"按钮也可以用来调出该窗口，如图3-1-16所示。

读书笔记

问题摘录

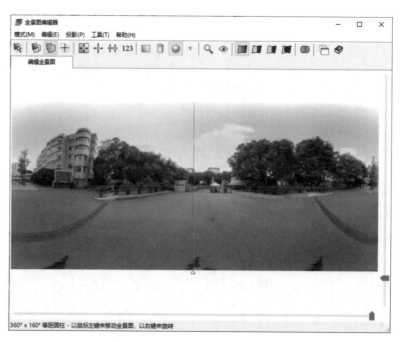

图3-1-16　全景图编辑器

（六）高动态图像处理

通过“曝光/HDR”窗口，能够进行高动态图像的色调和曝光处理，如图3-1-17所示。

读书笔记

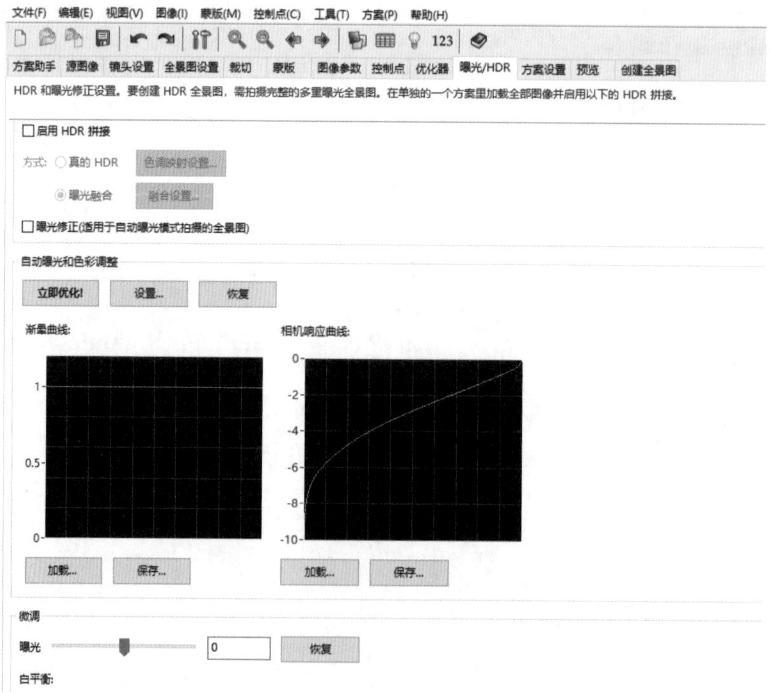

图3-1-17　“曝光/HDR”窗口

另外，还有3个关于高动态图像处理的功能，分别在"图像"（图3-1-18）和"工具"（图3-1-19）命令中，如图所示。"工具"—"色调映射HDR图像"能够加载其他图像进行色调处理。

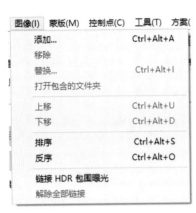

图3-1-18　图像菜单　　　　　图3-1-19　工具菜单

（七）输出全景图功能

在PTGui Pro的"预览"和"创建全景图"中，能够查看图片的拼接效果，并设置输出图片的尺寸、格式等选项，如图3-1-20所示。

此外，PTGui Pro软件还具备批量拼接器、批量构造器、对准到网格、发布到网页等功能。

图3-1-20　文件输出

技能提示

"图像参数"下包含"填充水平偏转""镜头数据库""链接HDR"3个操作工具。

"填充水平偏转"能够初始化源图像的水平偏转值。"镜头数据库"能够调整镜头数据库窗口。"链接HDR"能够自动检查且链接方案中图像的曝光。

二、对全景源图像进行编辑处理

在进行全景图片拼接时，假如源图像的拍摄效果没有达到要求，可以在拼接时对其进行相应的处理。

切换窗口，点击"源图像"切换窗口，分别为"源图像"和"源图像编辑"，如图3-1-21所示。

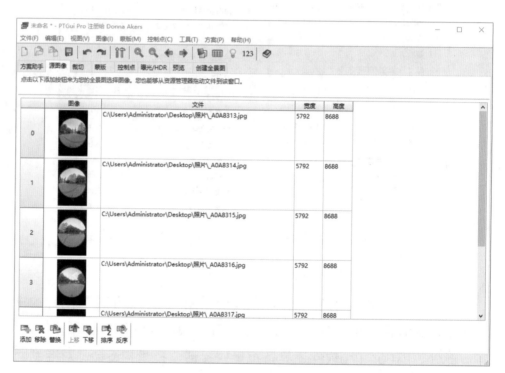

图3-1-21　源图像编辑

若需要改变源图像的参数，将其切换到"图像参数"窗口，能够调整源图像的坐标、镜头类型、视角、曝光、感光度、光圈大小等，如图3-1-22所示。

通过"曝光/HDR"窗口，能够进行高动态图像的色调和曝光处理，如图3-1-23所示。

 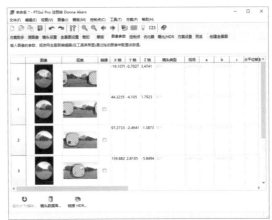

图3-1-22　改变源图像参数　　　　图3-1-23　改变源图像参数

三、调整全景图像中的控制点

　　一般情况下，PTGui Pro软件在进行图片拼接时会自动生成控制点，我们通过调整源图像中重合的控制点，例如，添加或者删除等操作，从而生成高质量的全景图片，这是PTGui Pro的基本算法（如图3-1-24所示）。

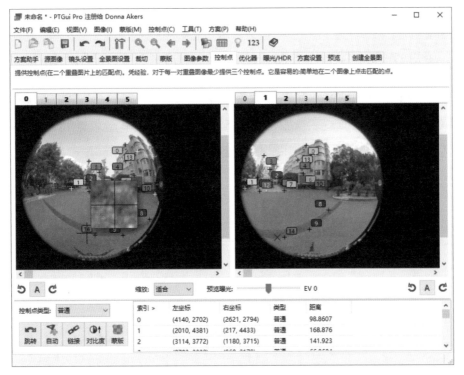

图3-1-24　调整控制点

　　如果拍摄的源图像重叠部分不是很理想，出现了无法识别的控制点，导致在拼接全景图时出现了严重的错位、变形等现象。我们可以执行多次"对准图像"命令，让PTGui Pro软件自动识别并调整控制点。

　　另外，也能够手动添加或删除控制点。点击工具栏中"控制点表格"即可调出"控制点"对话框，能够快捷地查找控制点，如图3-1-25、3-1-26所示。

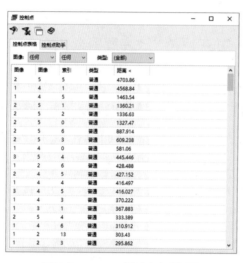 

图3-1-25　控制点界面　　　　图3-1-26　控制点助手

　　如何添加控制点？首先放大图像，选择"跳转"方式添加，然后把鼠标光标移动到需要添加控制点的位置，鼠标单击就能够添加并且跳转至对应的控制点上，如图3-1-27所示。

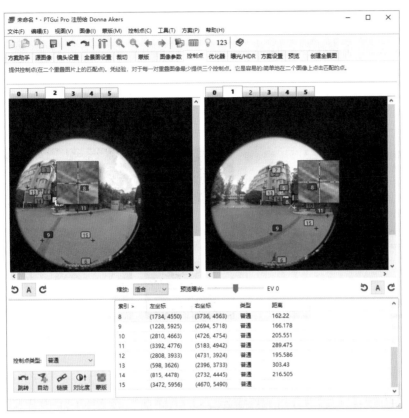

图3-1-27　添加控制点

　　如何删除控制点？选中这个控制点，然后单击鼠标右键，在显示的快捷菜单中找到并选中"删除"命令即可，如图3-1-28所示。

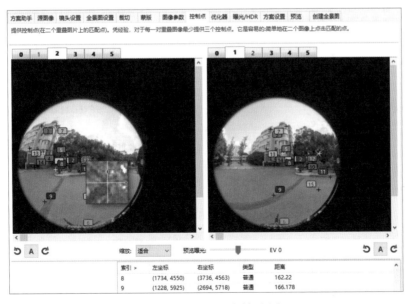

图3-1-28　删除控制点

如何编辑控制点？点击"控制点"菜单，下拉菜单中的"为全部图像生成控制点""为图像0和1""在全部图像上运行Autopano""Autopano图像0和1""删除全部控制点""删除最差控制点"都可以用来编辑控制点，如图3-1-29至3-1-30所示。

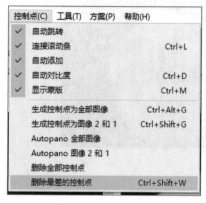
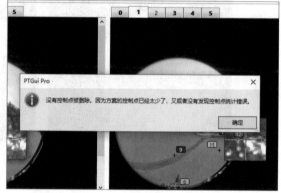

图3-1-29　删除最差的控制点　　　　图3-1-30　控制点删除提示

"优化器"窗口也可以用来配准对齐图像，能够减少源图像之间重叠的控制点，如图3-1-31所示。"优化器"窗口中的"锚定图像"能够选择一个或者一组源图像，将其当作对齐配准的标准；"将镜头畸变减到最小"选项可以对镜头产生的畸变进行优化，如图3-1-31及3-1-32所示。

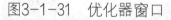
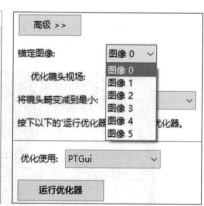

图3-1-31　优化器窗口　　　　　　　图3-1-32　锚定图像

点击"高级"按钮可切换到"高级"窗口，如图3-1-33所示。在"优化器"选项中可对源图像进行优化，例如，"全局优化""优化每个图像"。

图3-1-33　高级窗口

在"高级"窗口中的"优化使用"下拉菜单可以选择优化器，如图3-1-34、3-1-35所示。

图3-1-34　优化使用　　图3-1-35　优化结果

假如在删除了一些控制点后，图片依旧无法接片或者显示接片错误，这个时候需要我们去手动添加控制点并对其进行优化。

四、对生成的全景图进行编辑

（一）全景图编辑器

"全景图编辑器"窗口，点击"模式"—"编辑个别图像"操作，或者点击"编辑个别图像"，再点击源图像编号，就能够对单个图像进行位移或者旋转，如图3-1-36、3-1-37所示。

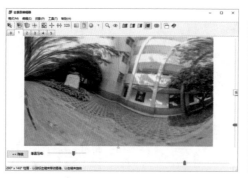 

图3-1-36　编辑个别图像　　　　图3-1-37　图像编辑过程

　　点击"模式"—"编辑整个全景图"，全景图像将成为一个整体，可以通过透视、矫正、旋转等命令对其进行调整。

　　此外，还可以通过鼠标右键来调整全景图的方向，即按住鼠标右键并拖拽。这个操作能够修正全景图的水平线、垂直线。如果想要在全景图中设置居中点，点击"设置局重点"按钮即可。

　　预览图调整命令，在"编辑"菜单下包含了很多预览图调整命令。例如，"适合全景图""水平适合全景图""垂直适合全景图""居中全景图"等，如图3-1-38 、3-1-39所示。

图3-1-38　编辑菜单　　　　　　图3-1-39　预览图调整

　　点击"居中全景题"，或者点击"编辑"—"居中全景图"，也能够将预览图居中。

　　点击"数字转换"，或者点击"编辑"—"数字转换"，显示"数字转换"弹窗，输入数值，可以将图片按照坐标轴的方向旋转、移动，如图3-1-40、3-1-41所示。

图3-1-40　调整结果　　　　图3-1-41　数字转换

　　点击"拉直全景图"，或者点击"编辑"—"拉直全景图"，能够迅速矫正弯曲倾斜的全景图，如图3-1-42所示。

图3-1-42　拉直全景图

　　"投影"菜单下共有15种投影模式，例如，"直线""柱面""环状""全画幅""等效透视""横向等效透视""球面：360*180等距圆柱"等（如图3-1-43所示）。我们可根据实际情况选择合适的模式。

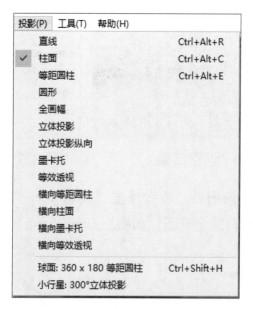

图3-1-43　投影菜单

　　"视角调整"工具用于调整背景画布的尺寸。往左移动水平视角滑块，视角变窄，往右移动滑块则变宽。往上移动垂直视角滑块，视角变小，往下移动滑块则变大。调整视角完成后，点击"适合全景图"，图像自动充满画布，如图3-1-44所示。

　　"网格线滑竿"用来控制预览图中网格线的大小，往右移动变大，在中间是最小，如图3-1-44、3-1-45所示。

读书笔记

图3-1-44　视角调整工具

图3-1-45　网格线滑竿

　　最后，把鼠标移动到图像周围，当鼠标变成双箭头时，向内拖动拉出呈黄色的裁剪线，如图3-1-46所示。点击"工具"—"在查看器显示"，查看全景图效果，如图3-1-46所示。

图3-1-46　在查看器显示

（二）"曝光/HDR"窗口

在拼接完成高动态全景图后，在高级模式中"曝光/HDR"窗口下可以对全景图进行曝光以及白平衡等处理，如图3-1-47所示。

当每个源图像的曝光值差别不大时，可以选择"曝光修正"复选框，让所有的源图像曝光等级相同。

问题摘录

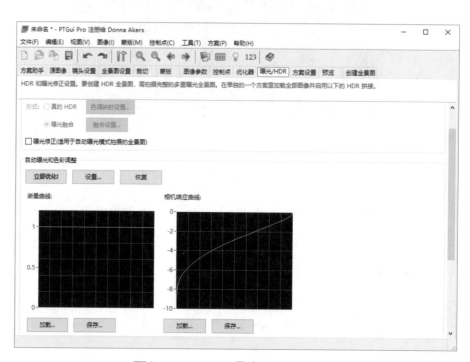

图3-1-47　"曝光/HDR"窗口

技能提示
尽可能在拍摄的前期采用手动模式，调整相机的曝光、白平衡等相关参数，后期的调整只针对一些突发意外情况的修复。

在"自动曝光和色彩调整"选项中，点击"立即优化"，能够快速优化图像曝光以及色彩。另外，点击"设置"，显示"曝光和色彩调整设置"弹窗，能够分别在左右两侧选择需要优化的内容或者需要优化的图像，如图3-1-47所示。

暗角设置，点击"优化渐晕"并保持默认即可。

"优化曝光"可依照实际情况来选择。默认值"仅有必要的话"适用于手动曝光；"启用"则适用于自动曝光。

在"自动曝光和色彩调整"选项中，点击"立即优化"，能够快速优化图像曝光以及色彩。另外，点击"设置"，显示"曝光和色彩调整设置"弹窗，能够分别在左右两侧选择需要优化的内容或者需要优化的图像，如图3-1-48所示。

暗角设置，点击"优化渐晕"并保持默认即可。

"优化曝光"可依照实际情况来选择。默认值"仅有必要的话"
适用于手动曝光；"启用"则适用于自动曝光，如图3-1-49所示。

图3-1-48 曝光和色彩调整　　　图3-1-49 优化曝光

当我们在拍摄时使用了自动白平衡功能，可以把"优化白平衡"
设置为"启用"状态，让其自动优化相关参数，如图3-1-50所示。若
是全部源图像的白平衡参数相同，点击"禁用"即可。另外，还可以
在"曝光/HDR"窗口下的"微调"中，适当地调整图像的曝光和白平
衡，如图3-1-50所示。

图3-1-50 优化白平衡

五、输出保存全景影像文件

当我们完成对全景图的编辑后，执行输出保存命令。在这里主要
运用到"预览"和"创建全景图"功能。

（一）"预览"窗口

在"预览"窗口设置图像的宽度和高度，如图3-1-51所示。尺
寸越小，预览速度越快。点击"预览"，可以预览拼接后全景图效
果，如图3-1-52所示。

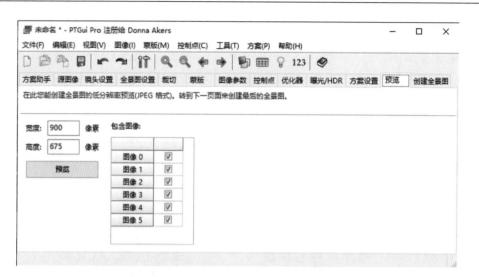

图3-1-51　预览设置界面

图3-1-52　预览效果

（二）"创建全景图"窗口

在"创建全景图"窗口中的"宽度""高度"中输入图像的尺寸，点击选中"链接宽度和高度"复选框，锁定宽高比例，如图3-1-53所示。点击"设置优化尺寸"，在显示的弹窗中根据实际情况选择图像尺寸，例如，"最大尺寸（不丢失细节）""适用打印（4百万像素）""适用网络（0.5百万像素）"。

在PTGui Pro软件中，一共包含5种输出格式。在"文件格式"下拉菜单中有：JPEG、TIFF、Photoshop、Photoshop大文件、QuickTime VR，如图3-1-55所示。点击"设置"可以控制输出文件的品质高低，如图3-1-56所示。

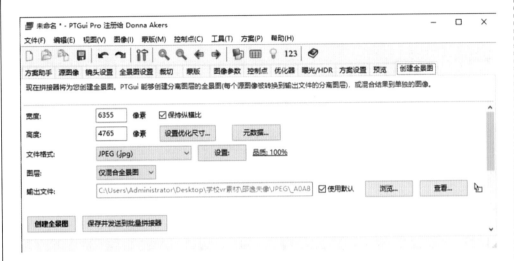

图3-1-53　输出设置

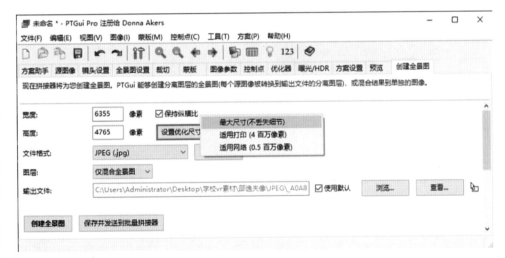

图3-1-54　输出尺寸设置

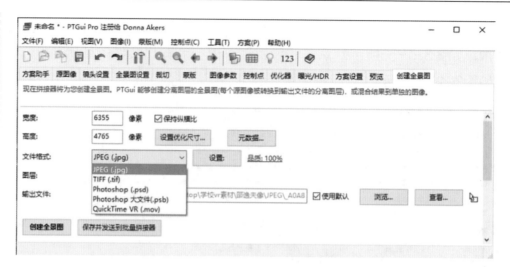

图3-1-55　输出格式设置

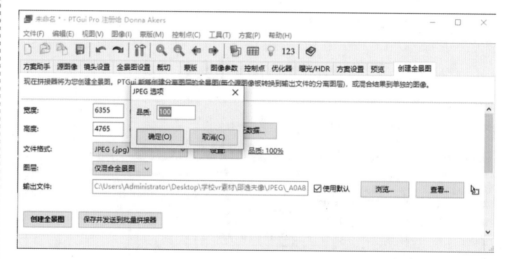

图3-1-56　输出品质设置

任务2 契若金兰——全景图的拼图流程

【理论概述】

PTGui Pro能自动读取底片的镜头参数,识别图片重叠区域的像素特征,然后以"控制点"(control point)的形式进行自动缝合,并进行优化融合。同时也可以手工添加或删除控制点,从而提高拼接的精度。软件支持多种格式的图像文件输入。

【任务描述】

任务目标:利用PTGui Pro拼接全景图

根据操作步骤,完成全景图的制作。

【任务导图】

【实现过程】

PTGui Pro软件对于全景图的拼接操作简单易上手,下面将介绍全景图片拼接的基本操作步骤。

(1)新建,点击工具栏中"新建",新建一个方案,如图3-2-1所示。

(2)点击"加载图像"按钮,显示"添加图像"弹窗,选择需要

知识链接

软件的全景图片编辑器有更丰富的功能,支持多种视图的映射方式。软件输出可以选择为高动态范围的图像,拼接后的图像明暗度均匀,基本上没有明显的拼接痕迹。软件提供Windows和MAC版本。

拼接的源图像，如图3-2-2 所示。

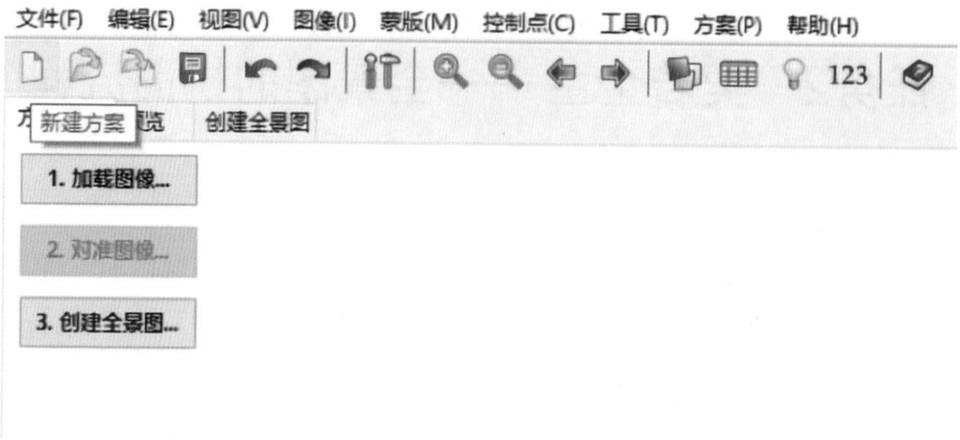

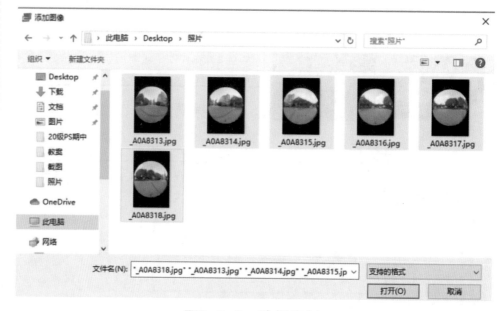

图3-2-1　新建方案

图3-2-2　选择素材

（3）添加源图像，点击"打开"按钮，将源图像添加至PTGui Pro中，同时也可以直接将文件夹中的源图像直接拖拽至PTGui Pro窗口中，如图3-2-3所示。

（4）检查和设置镜头参数，若使用全自动镜头拍摄的画面，PTGui Pro软件能够自动识别其镜头参数，如图3-2-4所示。

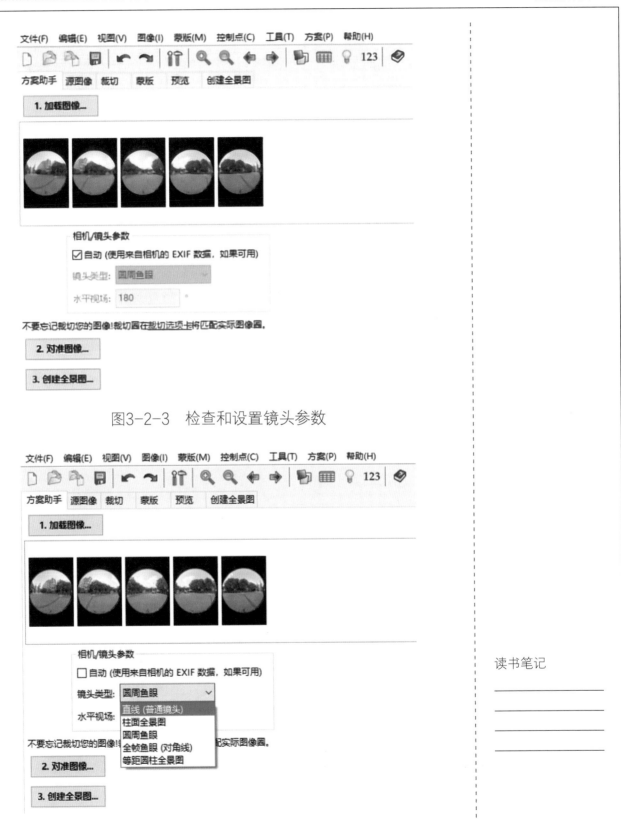

图3-2-3　检查和设置镜头参数

图3-2-4　设置镜头类型

（5）图像拼接，点击"对准图像"按钮，PTGui Pro开始进行图像拼接，同时显示"全景图编辑器"弹窗，如图3-2-5所示。

图3-2-5　全景图编辑器

（6）视角修正，使用"抓手"工具适当地调整全景图的视角，如图3-2-6所示。

图3-2-6　调整视图

（7）预览全景图，点击“在查看器中显示”按钮，查看拼接效果是否理想，如图3-2-7 所示。

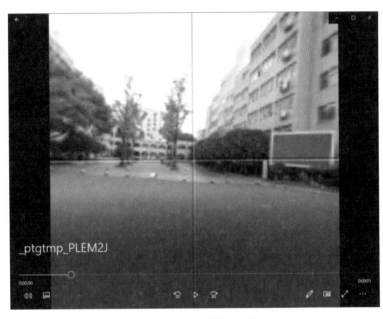

图3-2-7　预览全景图

（8）设置全景图相关参数，关闭“全景图编辑器”窗口，点击“创建全景图”标签切换至该窗口，在此处对全景图的格式、图层模式进行设置，如图3-2-8所示。

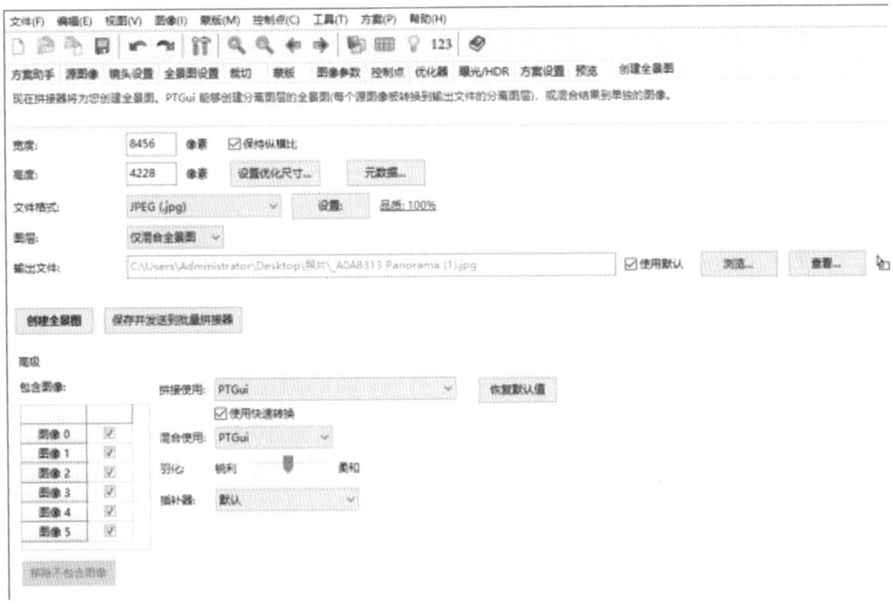

图3-2-8　创建全景图

读书笔记

问题摘录

（9）保存，点击"创建全景图"按钮，PTGui Pro将自动创建全景图片保存至对应文件夹中，全景图拼接完成。

【任务小结】

通过PTGui Pro拼接全景图软件的学习，我知道了_____

_____功能和使用方法，学会了运用_____

_____。

【自我评价】

说明：满意20分，一般10分，还需努力5分。

完成本任务学习后，请同学们在相应评价项打"√"，完成自我评价。并通过评价肯定自己的成功，弥补自己的不足。

任务3　构建环境——全景图的播放设备

【理论概述】

VR播放设备指的是可以播放VR全景照片或者VR全景视频的设备，通过专用的VR播放设备观看全景作品可以得到最佳的观赏体验，一般而言VR播放设备可以分为VR播放器、VR盒子以及VR头盔这几类。

本章节将通过对不同的VR播放设备的介绍，说明不同的VR播放设备的用途、使用方法以及不同的特点，选择合适的播放设备用于全景作品的观赏。

【任务描述】

任务目标：了解不同的VR播放设备及其热点	
通过VR播放器、VR盒子、VR头盔的了解，学会如何选择VR播放器。	

【任务导图】

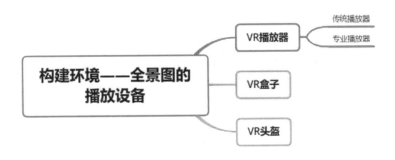

【实现过程】

一、VR播放器

VR播放器指的是可以播放VR全景作品的播放器，目前有许多传统播放器可以支持VR模式，但是相较于专业的VR播放器，在功能和体验效果上还是有所不足。很多传统播放器单纯地将原有的VR作品转换为左右或者上下视图进行播放，无法进行进一步的调节，也无法将VR作品的特色完整地呈现出来，如图3-3-1所示。

知识链接

　　VR技术，即虚拟现实技术，就是一种仿真技术，也是当下最热门的交互模式。通过计算机，将仿真技术、计算机图形技术、传感技术、多媒体技术等融合起来。

图3-3-1　暴风影音

相较于传统播放器，VR播放器则是为VR作品量身打造的，可以完美契合VR作品的需求。多数是手机平台上的播放器，需要搭载VR盒子才能达到最佳的效果。

观看VR作品是在VR播放器里播放全景作品，有两种展现方式，一种是视角不动，另一种则头动视角也会动。而VR作品需要设备支持，比如重力感应和VR播放器。通常VR作品都有一定的3D效果，同时不同的方向会有不同的视角，就好像沉浸其中一样，如图3-3-2所示。

图3-3-2　暴风影音播放效果

在使用VR播放器之前，我们需要正确设置VR播放器的参数，才能正确地观赏VR作品。

VR播放器有两个技术参数是需要注意的：一个是球面和半球面；另外一个是上下扫描，或者左右扫描。如果参数不正确，那么播放的画面就会无法正常观看，会产生画面畸变或者画面分块的效果，如图3-3-3所示。

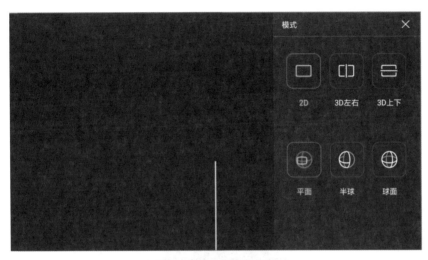

3-3-3　VR播放器参数设置

如果用普通播放器打开VR作品的画面是上下，就是上下扫描。画面是左右的，那就是左右扫描。早期的VR作品以上下扫描为主，现在主要是左右扫描，如图3-3-4所示。

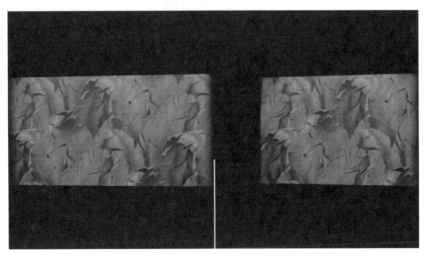

图3-3-4　VR播放器左右扫描

我们还需要注意的参数就是球面和半球面了，一般全球面的多。区分的话主要看画面畸变程度，如果全球面画面不正常，再调整到半球面试试即可。

在正确设置好VR播放器的参数之后就可以正常观赏VR作品了。目前主流的VR播放器里面，暴风魔镜的可玩性是比较好的，其余主流的橙子、3D播播都可以有效播放VR视频，只要设置正确参数即可。

目前橙子VR是国内下载量最大的手机VR播放器app，可以自行上传自己制作的VR作品播放，支持导入各种本地作品，支持软硬解码。可选分屏/3D/上下/左右/360°/180°等各种模式，也可以可自由调节视频画面大小，能够为使用者带来舒适的VR体验，如图3-3-5所示。

图3-3-5　橙子VR

二、VR盒子

VR设备中一般来说有两大类，VR头显（或者叫VR头盔）和VR手机盒子，这也是大家使用得最多的产品，其实总的来说VR头显是一体机，不借助手机便能够观看视频，而手机盒子则需要将手机放入VR眼镜之中，如图3-3-6所示。

图3-3-6   VR盒子

这里所说的手机盒子是VR盒子。顾名思义，这种类型的VR设备只是一个盒子，需要放入东西配合观看。放什么呢？就是手机。它利用用户的手机，担任了处理器+显示器+陀螺仪的角色，而VR眼镜本身只提供了一个凸透镜（如图3-3-7所示）。

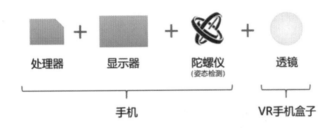

图3-3-7   VR盒子结构

谷歌公司在2014年推出过一款纸质的手机盒子，虽然非常简陋、廉价，但却可以轻松地将你手机变成VR设备而不需要其他任何硬件。谷歌纸盒仅仅需要一个纸盒和两个凸透镜片，总价也就2美元的样子，里面放上你的手机就可以了，如图3-3-8所示。

图3-3-8   谷歌纸盒

想要体验谷歌纸盒，只需要下载安装谷歌纸盒支持的应用程序，然后将手机放在纸盒里运行程序就可以了。这时，你可以沉浸式地体验VR场景，你可以通过转动你的头部四周环视，虽然VR效果不是很好，但是可以初步体验VR效果，毕竟只需要不到15元人民币就可以体验VR的效果。

当然如果你无法自己做一个纸盒，你也可以购买任何一家厂商已经集成好的产品，比如小米、爱奇艺、三星等。这些厂家不仅出售VR盒子，而且还提供相应的手机APP，你可以在应用商店或者Apple Store上下载它们。

这一类的VR盒子，在观看体验上并没有本质的不同。因为显示效果的好坏，完全取决于盒子里插入的手机的屏幕分辨率、处理器速度以及传感器精度。当前主流手机最多为2K的分辨率，所以这就成了手机盒子清晰度的上限。

另外，一些高端的手机盒子还配有手柄控制器，使得操作更加便利，如图3-3-9所示。

图3-3-9　NOLO带手柄的VR盒子

三、VR头盔

在前一节的内容中有提到，VR设备中一般来说有两大类，VR头显（或者叫VR头盔）和VR手机盒子。VR头盔一般被分为头戴式显示器以及一体机两种。

（一）头戴式显示器

相对于入门体验级的手机盒子，VR头戴显示器属于VR设备里的高端产品。为了达到极优秀的显示效果，它们需要连接电脑，使用电脑的CPU和显卡来进行运算，以达到最佳的效果。头戴显示器结构如图3-3-10所示。

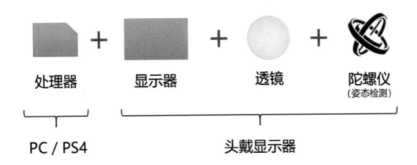

图3-3-10　头戴显示器结构

当前的VR头戴显示器，比较好的是四大厂商的产品：

1.HTC vive　　　　　　2.Oculus

3.PSVR　　　　　　　　4.微软MR头盔

头戴显示器的制作成本比手机盒子要高出很多，并且使用的时候需要配合性能强劲的电脑或者PS4（PSVR）等外置设备。因此，一整套设备购买下来，总体价位很高，但是它的体验感是最好的。

图3-3-11　PSVR头戴显示器

图3-3-12　HTC头戴显示器

（二）一体机

一体机指的是自带显示器、陀螺仪、处理器的VR设备，它不需要通过插入手机或者连接额外的电脑就可以独立工作，如图3-3-13所示。

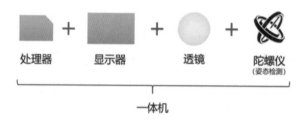

图3-3-13　VR一体机结构

VR一体机一般会使用和手机类似的移动处理器，如高通的骁龙系列处理器（如图3-3-14所示），此处理器可对需要处理的影像进行运算。

图3-3-14　骁龙处理器

脱离了外接设备的束缚，一体机最大的优势就是便捷，即开即用，非常方便。头盔显示器虽然显示性能最好，但是无法随身携带。

即使是在室内使用，头盔显示器和电脑相连的线材，也会一定程度上阻碍使用者的自由移动，小米VR一体机图3-3-15所示，NOLO VR一体机如图3-3-16所示。

图3-3-15　小米VR一体机　　　　图3-3-16　NOLO VR一体机

　　这三类VR设备，性能、价格和应用场景都各不相同。手机盒子由于其体验较差（分辨率低、传感器差），从2018年开始，逐渐被淘汰，一般存在于一些线下快速体验的场景中。而一体机在最近两年，开始逐渐崛起，包括小米在内的非VR产品厂商也在近几年开始投入VR一体机的研发，一体机在现售的VR设备中占据几乎一半的比重。相信不久的将来，VR会像手机一样，成为每个人必备的数码设备。

项目4　全景视频拍摄

项目目标：

　　通过本章节的学习，了解VR全景视频拍摄的基本概念、特点、优势以及应用，通过铜铝创业园区全景拍摄实例的展示与操作，熟练掌握拍摄硬件的准备和检查工作，学会全景拍摄的基本操作流程，达到独立完成VR全景视频拍摄的预期目标。

任务要点：

◆　场景选择
◆　全景视频入门拍摄
◆　全景视频进阶拍摄

任务1　场景选择

【理论概述】

在开始VR全景视频和照片的拍摄之前，需要学习拍摄相关的理论知识，面对不同的拍摄场景，需要考虑到拍摄时间、拍摄地点、光线，是否要使用拍摄辅件，以及如何根据拍摄场景需求调节快门、光圈、拍摄模式等硬件参数，单反拍摄技巧是VR全景拍摄必不可少的入门课程。本项目将简单介绍6种常见场景的拍摄技巧。

【任务描述】

| 任务目标：学会根据不同场景和拍摄时间选择合适的角度、位置和硬件参数进行拍摄。 |
| 通过理论学习和实战练习掌握不同场景拍摄的要点，为后续的学习做好铺垫。 |

【任务导图】

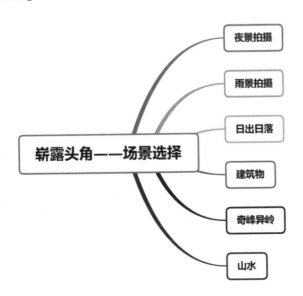

知识链接

　　夜景拍摄的6个技巧：

　　1.善用三脚架

　　2.使用M档（手动模式）

　　3.改变白平衡，偏冷会有科幻感，偏暖会有热闹气氛

　　4.同时使用大光圈和小光圈

　　（1）拍摄暗景时用高ISO+大光圈+30秒快门

　　（2）手持拍摄，光圈要稍大，有时需同时提升ISO

　　（3）用大光圈营造浅景深效果

　　5.用慢快门拍摄车轨、灯线

　　6.使用黑卡

【实现过程】

一、前期场景选择

（一）夜景拍摄

拍摄夜景主要是指拍摄夜晚户外灯光或自然光下的景物，拍摄时以灯光、火光、月光、霓虹灯、街道上穿梭汽车灯光等为主要光源，如图4-1-1和图4-1-2所示。

图4-1-1~图4-1-2　夜景拍摄示例

拍摄时，首先要保持夜晚气氛，保持灯光照射的真实性，需要使用三脚架、快门线等辅件，利用一次或多次曝光的形式。拍小光圈可以让景深加大，使整个画面不在同一焦平面的物体从近到远都清晰。当拍摄没有特定主体的夜景时，需光圈小一点，快门放在B门或T门上，根据光的明暗去曝光，但要注意照片素材整体的光线差异性不能过大。

（二）雨景拍摄

拍摄雨景时，为了在照片上表现雨景中的雨条，除了选择大雨外，还必须要有较深色调的背景作衬托才行，如图4-1-3所示。背景越近，雨条越易显现；背景越远，景物场面必然大，雨条也不易清楚显现。因此，拍摄雨景所取的景物范围不宜过大，更要避免白色的天空占据大部分画面，而影响景物中雨条的表现，如图4-1-4所示。

图4-1-3　雨景拍摄示例1　　图4-1-4　雨景拍摄示例2

技能提示

在小雨天气下拍摄景物，因小雨在景物中不易显现，故不能表现出雨条。但是，利用毛毛细雨在拍摄深色调的树林或山层，由于景物中没有阳光照射而尽是深色的物体，毛毛细雨在深色的物体间就会如雾层一样，显现出远浅近深的色调。如果取景范围不很大，以近处的物体明亮度作曝光基调，也能在景物中表现出如雨如雾的烟雨情景。

下雨时景物的光亮度一般是比较弱的，因此，拍摄雨景时一般都要用较大的光圈及较慢的快门速度，才能使雨景足够感光，从而显出景物空间中还没有落地的雨条，并能掌握雨中动态。拍摄雨景时应站在较高的位置拍摄，一般用1/60秒的快门速度拍摄雨景，就能显现出空间中还没落地的雨条。如果使用较快的快门速度拍摄雨景空间，雨条会变较短，使用更慢的快门速度能获得较长的雨景，但景物中的动态可能就会不够清晰，如图4-1-5和图4-1-6所示。

图4-1-5　雨景拍摄示例3

图4-1-6　雨景拍摄示例4

（三）日出日落

太阳刚出或即将日落逆照山层时，山层间因没有水的反光，与有太阳的天空成为黑白色调的对比，如图4-1-7和图4-1-8所示。因此，在山峦上拍摄日出或日落景色时，只有在云彩遮盖部分太阳或在增加天空部分的曝光，才可使天空与山层的色调较为均衡。

图4-1-7　日出日落拍摄示例1

图4-1-8　日出日落拍摄示例2

拍摄日出时，太阳刚升上地平线就应该立即拍摄，不能错过。拍日落就可以从没有光芒散射的时候开始，直到将进入地平线的时候为止，这段时间都可以从容不迫地进行拍摄。

知识链接
　　拍摄日出日落时需准备以下器材：
　　1.三脚架
　　2.渐变灰滤镜：可以有效平衡天空和地面之间的光差
　　3.快门线：减少照片模糊、移动等情况

知识链接

建筑物拍摄技巧：

1.寻找对称美

2.利用框架丰富层次

3.加入元素烘托氛围，融入天空等景色

4.不要错过细节

5.善用线条强化表现力

6.善用倒影

7.尝试黑白摄影

（四）建筑物

正面光拍摄建筑物接受平均照明，光线平淡无力，缺乏立体感。对于建筑而言，侧光是表现其立体感的最佳光线，同时还可以使建筑产生丰富的影调层次，如图4-1-9所示。尤其对于棱角分明的建筑而言，侧光可以更加明显地突出其立体感。利用侧光拍摄建筑具有特色的局部，使其表面的浮雕产生较强的明暗对比，从而使整个画面呈现出很强的浮凸凹陷效果，能够更好地表现出其质感，所以一般适宜于早晨拍摄，如图4-1-10所示。

图4-1-9　建筑物拍摄示例1

图4-1-10　建筑物拍摄示例2

（五）奇峰异岭

对于奇峰异岭的拍摄，应该尽可能站在较高的海拔位置处，如图4-1-11和图4-1-12所示。

一般登山除了阶梯外，还有缆车可以快速上下山，如果乘坐的缆车是全封闭的，那么可以利用支架和摄像机拍摄上山或下山的全过程。注意手一定要稳，并且在拍摄过程中不要利用切、推、拉、摇等手法移动数码摄像机，因为平滑的缆车运动是最好的移动镜头方式。

图4-1-11~图4-1-12　奇峰异岭拍摄示例

技能提示

　　这里要注意的是在拍摄时不要离瀑布太近，以防镜头被水花溅到，若一定要靠近瀑布拍摄，最好给镜头装上UV保护镜。

（六）山水

　　对于山水的拍摄，应该尽可能地找到山水交界处，在这里往往可以体现出抽象的天与地的结合，如图4-1-13所示。

　　一般有山有水的地方多半会有瀑布出现，拍摄瀑布要体现整个瀑布雄伟壮观的气势，最好在晴天且有彩虹出现的时候进行拍摄。拍摄时可以将全景相机固定在三脚架上以稳定画面，有利于拍摄瀑布"飞流直下三千尺"的效果，如图4-1-14所示。

图4-1-13　山水拍摄示例1　　　　图4-1-14　山水拍摄示例2

任务2　牛刀小试——全景视频入门拍摄

【理论概述】

拍摄硬件是摄影师的伙伴，在拍摄全景之前需要对全景拍摄的几大硬件设备进行了解，并对其保养和准备工作做到心里有数，本项目涉及硬件介绍和保养，并展示了安装全景拍摄设备和拍摄全景照片的操作全过程，立足做中学，在上手操作过程中掌握全景拍摄硬件的组成和知识点，为我们的美丽校园拍摄一组全景照片素材吧！

【任务描述】

任务目标：全景照片拍摄实战，掌握拍摄全景照片的流程。

做好前期准备工作，安装好硬件设备，用单反相机或者全景相机完成拍摄

【任务导图】

技能提示

拍摄前，需要对拍摄中所要使用的器材包括附件进行检查以确保拍摄的顺利，主要检查一下电池、存储卡和镜头的准备工作。

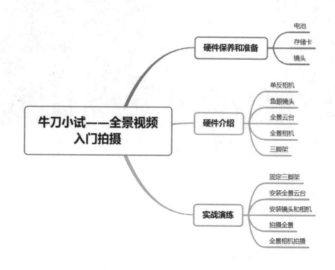

【实现过程】

一、准备工作

拍摄前需要准备的硬件和软件大致分两种类型：

1.第一种类型，准备全景云台、单反相机、鱼眼镜头、三脚架、计算机。

2.第二种类型，准备全景相机、三脚架、计算机以及相关软件。

（一）电池

影响电池续航能力的原因中，除了本身的容量外，跟日常的保养关系也很大，所以我们需要注意几点：

1.如果相机长时间不用（半个月以上就可以定义为长时间），一定要将电池放电至容量的75%左右，并从相机中取出，放在干燥、阴凉地保存。

2.如果相机用的是锂电池，那么一般2个月左右，就应该对电池充放电一次，这样可以激活电池，延长电池使用寿命，如图4-2-1和图4-2-2所示。

图4-2-1　相机电池　　图4-2-2　锂电池

3.锂电池不同于镍氢电池，没有记忆效应，所以不要将电池的电完全放干净。

（二）存储卡

对存储卡的保养需要注意以下两点：

1.不定期的格式化存储卡。建议最好在相机上进行格式化，因为有时在电脑上格式化过的存储卡在个别相机上会出现识别错误等问题。

2.一旦出现误删操作，可以用恢复照片软件对存储卡进行操作，如recover，Final Data，Enterprise等软件，也可以使用自带的软盘工具进行处理。

技能提示

部分一体化全景相机的电池是无法单独拆卸出来的，只能整体将其放在干燥、阴凉地保存。

技能提示

安装镜头时，我们要平放机身，避免镜头倾斜。而更换镜头时，我们要将机身镜头卡口朝下，迅速更换镜头，从而尽量避免灰尘进入机身内部。（绝大部分一体化全景相机不需要安装额外配件）

技能提示

擦镜的方法：在镜头上哈上一口气（相当于擦镜液的作用），防止灰尘擦伤镜头，然后用擦镜布或擦镜纸，由里向外旋出擦拭法擦镜头。

技能提示

如果有灰尘，首先用吹气球法吹去灰尘，吹不去的可用毛刷扫一扫，记住软毛刷不可用手触摸，因为手有油，然后用擦镜液滴在擦镜布上从里向外旋转擦出，注意力度，可以反复几次，不要一次用的力度过大。然后将余下的灰尘用吹气球吹净即可。

（三）镜头

安装时，首先取下机身盖和镜头后盖，然后安装镜头。安装时应注意将机身平放，避免镜头倾斜。将镜头与机身对应的标志对齐，插入机身后，选择镜头进行锁定，听到固定销发出锁定到位的声音，镜头就安装好了。

最后保证镜面洁净。镜头上的指纹、灰尘会降低相机的性能，最好在购买时配上UV保护镜，如图4-2-3所示。擦镜头时要有一定的方法，否则易擦伤镜头。

1.在擦拭镜头时我们选择如下工具：专业擦镜布/麂皮（绝不可用眼镜布）、专业镜头纸、软毛刷（如图4-2-4所示）、吹气球（如图4-2-5所示）、擦镜水等。这些都可以到专业器材店买到。

图4-2-3　UV保护镜　　　　图4-2-4　软毛刷　　　　图4-2-5　吹气球

2.在器材不充足的情况下，如果我们只有擦镜布或擦镜纸，那么吹镜头的方法是：用手挡在镜头前成30~45度角，用口向手中吹气，气反射到镜头上以便吹去灰尘。这样的好处是防止口水吹在镜头上。

用以上两种简易方法相互配合就可以做到应急时的镜头清洁，平时一定要按方法一进行。

二、拍摄硬件介绍

全景拍摄硬件指的是：单反相机、鱼眼镜头、全景云台（或是前三者功能一体的全景相机）、三脚架。

（一）单反相机

如图4-2-6所示，单反相机是有间接的全景拍摄，单反相机是不可以直接全景拍摄的，单反相机拍全景要自己接，需要事先拍好所需的照片，并用PS拼接起来。拍照片的时候最好用三脚架，并且是按照一定的角度进行拍摄，这样有利于后期的拼接工作。

图4-2-6　单反相机

单反相机在拼接图片时要注意拍摄时接片之间要有一定的重叠，否则会导致无法拼接。对相机的设置要注意，最好是用M档（全手动挡），一旦聚焦后还要注意锁定焦距，这样可以避免接片之间存在色差或焦平面的错位。相机的白平衡、光圈ISO等最好一致。

（二）鱼眼镜头

鱼眼镜头是一种焦距为16 mm或更短、视角接近或等于180度的镜头。它是一种极端的广角镜头，"鱼眼镜头"是它的俗称。为使镜头达到最大的摄影视角，这种摄影镜头的前镜片直径很短且呈抛物状向镜头前部凸出，因为与鱼的眼睛颇为相似，因此得名"鱼眼镜头"，如图4-2-7所示。

图4-2-7　鱼眼镜头

实际上，有两类不同的鱼眼镜头。一种范围大于底片或感光面的面积，将拍出正常矩形的图片；另一种则会拍出完全圆形的照片，通常视角能达到180度，这种情况下相机前面的一切物体都将被摄入，甚至拍摄者自己的脚也不能幸免，如图4-2-8所示。

知识链接

两类鱼眼中显然后面一种的"可玩性"更高，能够制造更不寻常的视觉效果。它的成像特点是：越靠近画面中心的物体越可以保持原型；越靠近边缘的，变形越严重；最边缘处甚至完全失真。

技能提示

全景云台这个硬件非常重要，拍摄水平一周之后，还要拍摄天与地，一般云台是没有办法转到90度拍摄天与地的。全景云台上有刻度，水平拍摄一圈，确保精准角度拍摄水平每一张。比如鼓形图片，水平一周需要拍摄4张照片，有刻度就可以精准90度拍摄一张。拍摄好的图片导入全景拼接软件中拼接成全景图。

在全景拍摄中常用三维式云台，其优点是拓展性强，不论是全画幅或是半画幅鱼眼镜头或者是广角镜头都可以兼容，相对夹箍式的云台，价格会比较便宜，缺点是体积大、重量重，拍摄过程中节点可能会有偏差，携带相对不方便，操作难度也比较大。

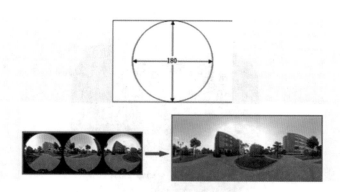

图4-2-8　鱼眼镜头成像原理

（三）全景云台

全景云台主要应用于三维全景展示及虚拟漫游制作的前期拍摄中，另外也可以进行普通照片的高端拍摄应用。

首先，全景云台具备一个有360度刻度的水平转轴，可以安装在三脚架上，并对安装相机的支架部分可以进行水平360度的旋转；

其次，全景云台的支架部分可以对相机进行向前的移动，从而达到适应不同相机宽度的完美效果。由于相机的宽度直接影响到全景云台节点的位置，所以如果可以进行调节相机的水平移动位置，那么基本就可以称之为全景云台。

图4-2-9　全景云台

（四）全景相机

全景相机是一种采用连续旋转的折叠光学系统（经常称为"光棒"）的扫描相机，如图4-2-10所示。胶片铺展在旋筒罩上，朝相反方向传送，同时影像和胶片需要保持精确的移动速度，这样就避免了胶片的高加速度和高速移动，同时需要使镜头保持在均匀的温度环境中。

图4-2-10　全景相机

知识链接

当全景相机镜头旋转时，它到影像面的距离（即旋筒罩的半径）不等于镜头焦距，这将会产生横向的影像位移，因此在曝光周期内胶片应该在旋筒罩上以镜头旋转相反的方向移动，以便补偿上述影像位移。

（五）三脚架

三脚架的作用无论是对于业余用户还是专业用户都极为重要，它的主要作用就是固定照相机，以达到稳定影像的效果。最常见的就是长曝光中使用三脚架。用户如果希望拍摄夜景或者带涌动轨迹的图片，那么就需要加长曝光时间。这个时候，为了使数码相机不产生抖动，就需要三脚架的帮助。

如图4-2-11所示，三脚架在使用过程中已经遵守"从粗到细"的原则，尽量避免使用末端最细的部分，否则有可能会影响拍摄的成像效果。

【实现过程】

一、固定三脚架

1.选择好拍摄位置后，首先将三脚架从包里拿出来，垂直立于地面。然后将下方三个脚管撑开，确保三个脚完全舒展，保持稳固状态，如图4-2-12所示。

图4-2-11　三脚架

技能提示

三脚架在使用过程中已经遵守"从粗到细"的原则，尽量避免使用末端最细的部分，否则有可能会影响拍摄的成像效果。

图4-2-11　平稳摆放三脚架

技能提示

拍摄地点尽量空旷，离建筑物有一定距离，安全距离一般为1.5米左右。安全距离内的物体，会由于不同镜头拍摄视角的差异大，很容易引入拼接的瑕疵。

2.将脚管上的固定件打开或松开，如图4-2-13所示，调整到自己需要的高度，然后将固定件扣紧，如图4-2-14所示。（有手柄的类型可参考，反之此处可略过）打开手柄旁的旋钮，将手柄调到合适的位置，再固定住旋钮。

图4-2-13　调整固定件　　　　图4-2-14　调整脚管长度

3.调整水平，旋开下方的旋钮，将水平仪上的气泡调整至中间位置即可，如图4-2-15所示。

技能提示

部分全景云台并没有支架部分，可通过把手和中心的球形关节来旋转角度。

图4-2-15　观察水平仪

二、安装全景云台

1.全景云台与相机的安装，关键在于将镜头节点放在云台的旋转轴中心。首先将云台的转轴及支架部分安装于三脚架上，如图4-2-16所示。

知识链接

部分全景云台并不具备水平仪。

2.旋转全景云台，查看稳定度。打开快速锁扣，展开力臂，再次进行旋转以查看稳定性，如图4-2-17所示。

3.然后通过全景云台的水平仪细微地调整水平。

读书笔记

图4-2-16　安装全景平台步骤1

问题摘录

图4-2-17　安装全景平台步骤2

三、安装相机与镜头

1.如图4-2-18所示，将快装板安装到相机上，将快装板和单反相机一起安装在全景云台上，对定位置后旋紧旋钮固定。

2.将16mm鱼眼镜头安装在相机上，如图4-2-19所示。

技能提示
　　在卸下快装板的时候，需要先将右侧旋钮旋开，再按下左侧红色按钮，即可将快装板卸下。

图4-2-18　快装板　　图4-2-19　旋紧旋钮

四、拍摄

1.使用全景云台将相机放置成镜头垂直向下的状态，如图4-2-20所示，旋紧旋钮。

图4-2-20　镜头垂直向下状态

2.通过目镜观察会看到多个对焦点，将中心的对焦点对准全景云台螺母（也是三脚架固定口的位置），如图4-2-21所示。通过松动水平方向的固定螺母，来回缓慢移动使对焦点对齐中心（如图4-2-22所示），记录节点数据固定下来，然后再拧紧固定螺母。

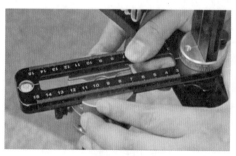

图4-2-21　移动全景云台螺母

图4-2-22　焦点对齐中心

3.把相机调成水平状态（如图4-2-23）所示，然后需要寻找两个垂直柱状的物体来确定水平方向的基准线，如图4-2-24所示。若左右旋转相机时发现两个参照物之间的距离有明显变化，需前后调整云台，即调整相机底座的位置，如图4-2-25所示，使得左右旋转相机使参照物距离不再出现变化。

图4-2-23　相机水平

图4-2-24　确定水平基准线

图4-2-25　调整
云台

4.根据测光表或者监视器上的显示来调整曝光参数，来获得正确的曝光。半按快门，设置曝光然后观察取景器，记录下光圈值和快门速度，选择M档手动曝光，如图4-2-26所示，调到刚才记录下的数值，采用延时拍摄和手动对焦，如图4-2-27所示，只需在初始角度进行对焦即可，后面关掉对焦。光圈值建议在F8以上，这里设置为F10，如图4-2-28所示。

图4-2-26　选择M档

图4-2-27　手动对焦

图4-2-28　调整光圈

图4-2-29　测光表

图4-2-30　监视器
参数

5.如图4-2-31所示，将镜头调至朝下45度拍摄第一张照片，水平旋转45度拍摄第二张照片，保证相邻照片之间有30%左右的重合区域，以此类推旋转一圈拍摄8张照片，如图4-2-32所示。

知识链接

　　原则上一个角度只需要拍摄一张照片即可，但是在高光比的环境下，往往会出现某些地方过曝或过暗，这种情况下建议使用包围曝光来进行拍摄，通过包围曝光可以进行后期的HDR合成。使用包围曝光，相机会根据设定的参数来自动拍摄三张不同曝光的照片，即偏暗、正常和偏亮三张照片，在后期合成时，偏暗的照片会追回高光缺失的部分，偏亮的照片会弥补暗部缺失的细节，所以在成品图时就会得到一张细节更多的照片，并且光线会更加柔和。

图4-2-31　镜头朝下45度

图4-2-32　镜头朝下45度拍摄一组照片

6. 将镜头调至水平方向0度，拍摄第二圈的8张照片，每次云台水平旋转45度，保证上下两圈照片有30%的重叠，如图4-2-33所示。

图4-2-33　镜头水平拍摄一组照片

7.如图4-2-34所示,将镜头调至朝上+45度,拍摄第三圈的8张照片,每次云台水平旋转45度,如图4-2-35所示。

图4-2-34　镜头朝
上45度

图4-2-35　镜头朝上45度拍摄一组照片

8.将镜头调至朝上90度,每次云台水平旋转45度,拍摄8张照片补天,如图4-2-36所示。

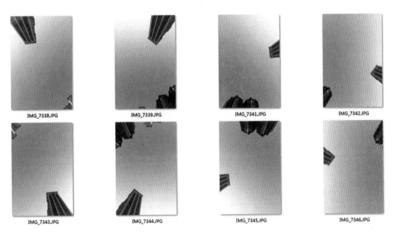

图4-2-36　镜头朝上45度拍摄一组照片

9.翻拍补地,转动全景云台,使镜头垂直向下,拍摄90度的地面照片,尽量保持镜头节点在空间的位置不变。

五、用全景相机拍摄

部分全景相机用配套的控制软件来进行操作拍摄,针对全景更加的简便快捷,可远程控制进行拍摄等一系列功能。

没有配套软件的类型,开机默认为录像模式,按下POWER键即可开始录像。正在录像时工作灯持续闪烁,再次按下快门键即可停止录

技能提示

IMG_7355.JPG

技能提示

　　一定要选择一个恰当的起始位置。拍摄时，选择手动曝光，使用固定快门、感光度、尽量小的光圈，加大景深，白平衡根据环境而定。不要将重点拍摄对象放置在镜头的拼接处。

像，工作灯停止闪烁。等待相机储存完成后进入准备就绪状态即可进行下一次拍摄。

　　这里使用的是7台Gopro Hero4 BLACK相机，将相机安装在进行在Gopro全景支架上，如图4-2-37所示。进行视频拍摄时，每个镜头需要独立进行启动，要以尽量快的速度按A1A2、A3A4、A5A6的顺序两两同时开机。

图4-2-37　Gopro Hero4 BLACK相机

任务3 动如脱兔——全景视频进阶拍摄

【理论概述】

全景拍摄完成后，需要将素材导入并按规则进行整理，以便后期剪辑与整合。素材命名默认排序大致分三种情况：

1.反相机拍摄的镜头默认按照产品名称+拍摄日期+拍摄顺序命名，依据拍摄时间创建文件夹。

2.部分全景相机拍摄的镜头默认按照产品名称+各镜头独立名称+拍摄顺序命名，依据拍摄时间下镜头的不同而创建文件夹。

3.剩下全景相机拍摄的镜头默认按照产品名称+拍摄日期+拍摄顺序命名，依据拍摄时间创建文件夹。

本项目主要展示了导出照片和视频素材的命名规则，以及全景视频素材的整理过程。

【任务描述】

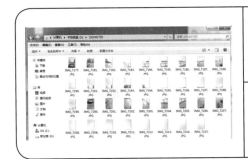

	任务目标：掌握后期素材整理的基本要求
	通过实例，按照要求，整理好所有后期素材

【任务导图】

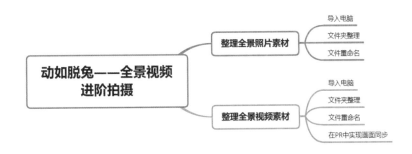

知识链接

数码相机拍摄的照片是以文件的形式保存在相机存储卡中，文件由相机自动命名。以尼康单反相机的照片文件名为例，是以"DSC_"加4位数字编号构成主文件名，如"DSC_0001.NEF"每拍摄一张照片，数字编号自动加1。

文件扩展名反映了文件的格式，NEF为RAW格式，JPEG为JPEG压缩图像文件，TIF为TIFF格式图像文件，MOV和MP4是视频文件，NDF是相机的除尘参考数据文件。

文 件 名 中"_"字符的排列顺序反映了相机图像的色空间参数设置，"DSC_"表示图像使用sRGB色空间，"_DSC"表示图像使用Adobe RGB色空间。

文件夹的命名方式，以3位数字编号加相机的型号标识组成，如尼康D750相机中文件夹命名为"101ND750"，D850的文件夹命名为"101ND850"等。

【实现过程】

一、整理全景照片素材

1.将存储卡插入读卡器（一些笔记本电脑自带卡槽），如图4-3-1所示，再连接到电脑，打开"101ND750"文件夹，如图4-3-2所示。

图4-3-1 读卡器   图4-3-2 文件夹实例

2.在D盘中新建文件夹，命名为"全景照片素材"。在"全景照片素材"文件夹中新建文件夹，命名为"桐庐创业园VR20200909"。

3.将"101ND750"文件夹中的照片素材复制粘贴到"桐庐创业园VR20200909"文件夹下，按照照片顺序将这些照片命名为"01.jpg"—"36.jpg"，如图4-3-3和图4-3-4所示。

技能提示

镜头的编号自己定义，一般A1A2、A3A4、A5A6分别对称编号。标示好镜头号码可方便后期的素材数据整理与器材的管理，有多个摄制组的时候可以沿用字母顺序。

图4-3-3 整理前

图4-3-4 整理后

二、整理全景视频素材

1.在D盘中新建文件夹，命名为"全景视频素材"。在"全景视频素材"文件夹中新建文件夹，命名为"学校全景20160621"。

2.在"学校全景20160621"文件夹中按相机的顺序进行编号，并新建名称为"A1"—"A7"的文件夹，如图4-3-5所示，先后将素材从存储卡中拷贝到相对应的编号文件夹。

3.将A1—A7文件夹中的视频文件命名为T01A1、T01A2、T01A3、T01A4、T01A5、T01A6、T01A7。如图4-3-6所示（同一个镜头拍摄的素材命名为"T序号+镜头编码"，如镜头A1拍摄的三段素材分别命名为T01A1、T02A1、T03A1。）

图4-3-5　文件夹命名格式

图4-3-6　素材命名格式

4.打开Adobe Premiere Pro CC 2018，如图4-3-7所示，点击"新建项目"，设置项目名称为"全景视频素材整理"，选择保存文件路径，单击"确定"按钮。

5.双击项目面板，导入视频素材T01A1、T01A2、T01A3、T01A4、T01A5、T01A6、T01A7，如图4-3-8所示。

6.单击菜单栏中的"文件"—"新建"—"序列"，打开新建序列面板，单击"设置"，修改编辑模式为"自定义"，设置时基为"25帧/秒"，设置帧大小为2032*2704，像素长宽比为"方形像素（1.0）"，场为"无场（逐行扫描）"，单击"确定"按钮。

知识链接
　　Adobe Premiere Pro CC 2018是一款常用的视音频编辑软件，由Adobe公司推出，具有较好的兼容性，可以与Adobe公司推出的其他软件进行协作。

图4-3-7　新建序列面板

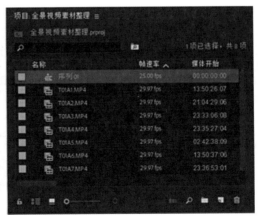

图4-3-8　项目面板

7. 将"T01A1.mp4"拖到视频1上的00:00:00:00处，在弹出的警告对话框中选择"保持现有设置"，如图4-3-9所示，单击时间轴中的"T01A1.mp4"，在效果控件面板中将旋转设为"-90"，回车确定。点击播放按钮 ▶，浏览T01A1.mp4，将选择缩放级别设为"75%" 75% ∨，将鼠标放在效果控件面板和浏览面板之间，向左拖动边界线放大浏览面板。鼠标点击时间轴，通过键盘左右方向键进行逐帧观察白衣人物动作，确定一个时间点00:00:30:10，如图4-3-10所示。

图4-3-9　警告对话框　　　　图4-3-10　10帧、
　　　　　　　　　　　　　　　　　　　　　11帧、12帧

学习思考
　　第7、8步中为什么要确定时间点？请总结全景视频素材整理的要点是什么。

8. 将"T01A2.mp4"拖到视频2上的00:00:00:00处，单击时间轴上的T01A2.mp4，在效果控件面板中将旋转设为"-90"，单击效果控件面板中的 ⊡▸ 按钮，将白衣人物拖到画面中心位置，调整效果控件面板中的缩放到合适数值，如图4-3-11所示。鼠标点击时间轴面板，按方向键左右键找到与T01A1.mp4的00:00:30:10中相同的画面，确定时间为00:00:30:00，如图4-3-11所示。

图4-3-11　浏览面板

9.将时间轴设为00:00:00:10。选择剃刀工具，在00:00:00:10处裁剪T01A1，点击移动工具，单击T01A1前面被裁剪的部分，按Delete1键删除，如图4-3-12所示。将T01A1的起始位置拖回00:00:00:00处，如图4-3-13所示。

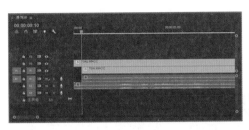
图4-3-12　时间面板1

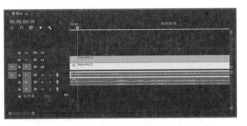
图4-3-13　时间面板2

10.将T01A1和T01A2的缩放比例调回"100"，位置调回"1016.0"和"1352.0"，将"T01A3.mp4"拖入轨道3的00:00:00:00处，浏览视频，找到与T01A2有相同画面的时间点，计算差值。

11.将时间轴设为00:00:00:02，按住Alt键，鼠标放在时间轴上滚动滑轮，放大时间轴。与第9步进行类似操作，用剃刀在T01A1和T01A2的时间标尺处点一下，删去T01A1和T01A2多余部分，统一三个视频的起始位置。调整缩放比例和位置。

12.在时间轴上单击鼠标右键，选择"添加轨道"，添加4条轨道。同理，拖入T01A4、T01A5、T01A6、T01A7到轨道4到轨道7上，设置旋转为"-90"，浏览视频，比较A4与A3，A5与A4，A6与A5，A7与A4，如图4-3-14和图4-3-15所示。

技能提示

T01A3的
00:01:02:11处

T01A2的
00:01:02:13处

图4-3-14　T01A4的00:00:53:21处

图4-3-15　T01A3的00:00:53:18处

调整完后，可将时间轴设置到同组中较短时间处，如00:00:53:18和00:00:08:09处，通过点击不同轨道前的按钮，来检查两段视频的时间点是否有对上。

13.将时间轴调到00:00:00:03，选择剃刀工具在T01A4的00:00:00:03处点一下，删去前3帧多余部分，将T01A4的起始位置拖至00:00:00:00处。用剃刀裁去T01A5的前13帧，统一前5个视频的起始位置。用剃刀裁去T01A6的前4帧，统一前6个视频的起始位置。

14.点击轨道1、2、3、5、6前的切换轨道输出按钮 ◎，对比T01A4和T01A7，确定时间差。用剃刀裁去T01A7的前3帧，将T01A4的起始位置拖至00:00:00:00处，如图4-3-16所示。

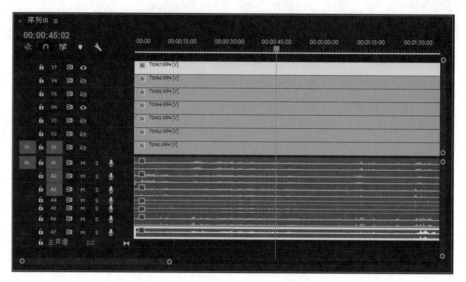

图4-3-16　时间线面板

15.将时间轴拖到视频结尾处，将时间轴放到最大，以最短的视频结尾处为基准，如图4-3-17所示，用剃刀裁去多余部分，统一7个视频长度，如图4-3-18所示。

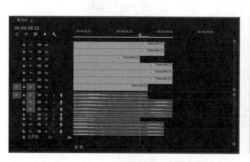

图4-3-17　时间线面板1

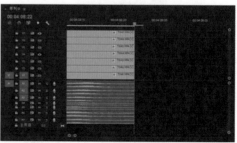

图4-3-18　时间线面板2

16.关闭7个轨道的切换轨道输出按钮 ，分别打开视频1—视频7的切换轨道输出按钮，单击"文件"—"导出"—"媒体"打开导出设置面板，修改输出名称和路径，单击"导出"按钮。

图4-3-19　导出设置面板

图4-3-20　导出时间

【任务小结】

·通过认识全景的学习，我知道了全景的概念、特点和优势，了解了全景的一些应用场景和全景虚拟现实的发展历程。

·通过认识场景选择的学习，我知道了不同的场景下拍摄的方式，了解了在什么时间、方位和用什么参数来进行不同的拍摄。

·通过任务全景视频拍摄实战的学习，我知道了全景拍摄的硬件组成和使用方法，学会了电池、存储卡和镜头的保养清洁，了解了全景拍摄硬件的基本介绍，掌握了拍摄全景视频的具体流程并能独立完成全景视频的拍摄。

·通过任务后期素材整理的学习，我知道了全景拍摄的照片和视频素材如何进行整理，掌握了系统的命名方式，学会了用Adobe Premiere Pro CC 2018进行全景视频素材的整理。

【挑战任务】

请为你的学校分别拍摄一组全景照片和一组全景视频，拍摄地点、时间自选，根据这一章节所学内容，完成全景拍摄硬件的组装、拍摄和素材整理部分。

学习笔记

全景视频素材整理步骤：

1.有重叠部分的视频两两一组比较，找到相同画面的时间点，确定视频的先后顺序和时间差

2.截去时间长的视频的开头部分（与时间差相同帧数）

3.统一开头后，以最短视频的结束时间为标准统一所有视频长度

4.素材导出

【自我评价】

说明：满意10分，一般5分，还需努力2分。

完成本任务学习后，请同学们在相应评价项打"√"，完成自我评价。通过评价肯定自己的成功，弥补自己的不足。

序号	内容	自我评分
1	掌握全景的基本概念，掌握全景的分类，了解3D全景的应用有哪些。	
2	掌握全景虚拟现实的概念，理解什么是全景虚拟现实，掌握全景虚拟现实的特点、优势。	
3	掌握全景的特点。	
4	了解全景拍摄技术的发展历程，掌握不同全景技术和硬件的发展和区别。	
5	掌握虚拟技术的优势。	
6	掌握不同场景拍摄的要点。	
7	掌握两种拍摄全景的软硬件类型。	
8	掌握电池、存储卡和镜头的准备工作，能够进行检查和维护，确保拍摄正常进行。	
9	掌握全景拍摄硬件的组成及其特点、功能。	
10	掌握固定三脚架、安装全景云台和相机的方法。	
11	掌握全景拍摄的具体方法和流程。	
12	掌握全景照片素材的整理	
13	掌握全景视频素材的整理	

项目5　全景视频后期处理

项目目标：

　　通过本章节的学习，了解合成的概念，熟练掌握合成软件相关操作，学会 Kolor Autopano Video Pro、Kolor Autopano Gagi 的使用方法，能够使用上述软件进行视频的合成编辑，对视频进行后期的精调，达到所需全景视频的预期目标。

项目要点：
- ◆ 全景视频合成编辑
- ◆ 全景视频美化精调

配套微课　拓展资源

知识链接

　　全景视频与虚拟技术有很大的区别。全景视频更多的用于房地产、旅游等行业物体的观赏和浏览；而虚拟技术更多的用于互动体验。

任务1　取其精华——全景视频合成编辑

【理论概述】

　　利用相机拍摄到各种角度的视频之后，需要使用视频合成软件将视频拼接，得到符合要求的全景视频。

　　全景视频合成软件众多，如：Kolor Autopano Video Pro，GoPro Omni Importer，Insta360 Studio等。本书以Kolor Autopano Video Pro软件为例讲解全景视频合成编辑的详细步骤。

【任务描述】

	任务目标：掌握Kolor Autopano Video Pro软件的使用。
	利用软件完成全景视频的拼接合成。

【任务导图】

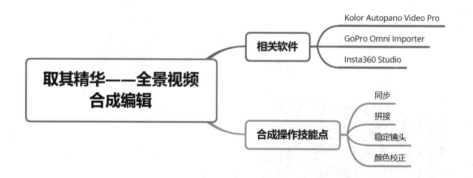

【实现过程】

1.双击Kolor Autopano Video Pro图标打开软件,进入软件的主界面,如图5-1-1所示;在菜单栏中,选择"文件"——"导入视频"将视频文件导入软件中,如图5-1-2所示;也可以直接将视频文件拖动到软件中。

图5-1-1　软件主界面　　　图5-1-2　导入视频

2.导入素材后,输入视频面板中,可以浏览导入的各个视频,点击每个视频下方的播放按钮可以实现播放。时间轴面板中,可以实现对视频素材的水平调节、缝合处理,以及对色彩的调节等功能,如图5-1-3所示。

图5-1-3　面板功能

3.首先需要对多个视频素材进行时间的同步。点击菜单栏中的"同步"功能，弹出页面左侧的同步面板，如图5-1-4所示；调节好在当前时间的搜索范围后，即可开始同步。同步方式有"利用声音来同步"和"利用动作来同步"两种方式，可以根据需要不同的方式实现同步；点击"利用动作来同步"，在软件界面下面会显示对应的进度条，完成后点击"应用"。

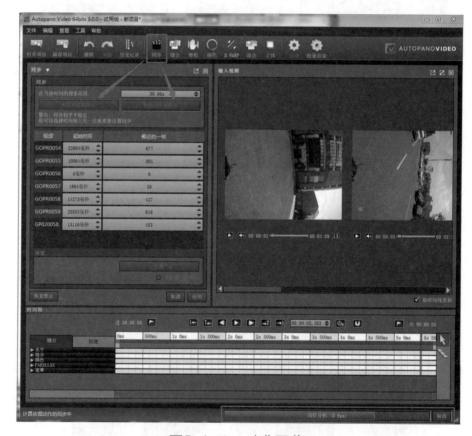

图5-1-4　对准图像

4.视频"同步"完成后，接下来就是对视频进行简单的拼接。点击菜单栏中的"缝合"，如图5-1-5所示，缝合为GoPro Hero 3+/4，之后点击"缝合"实现对视频的拼接。视频拼接的融合方式可以有平滑和锐利两种方式。

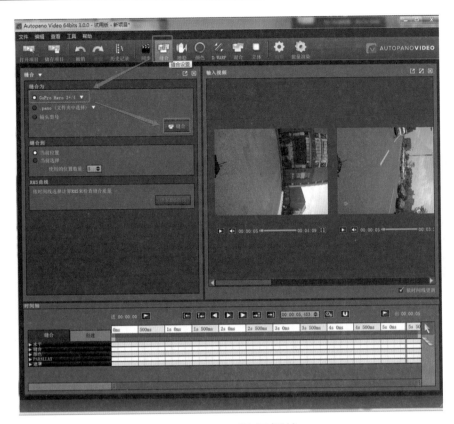

图5-1-5　视频拼接

5.视频拼接完成后，可以利用Kolor Autopano Giga和PR/AE中进行调整。点击"实时预览"面板中的"编辑"按钮，打开Autopano Pro，点击"编辑"，在弹出的对话框中，单击"移动"功能，通过 "移动"面板中的功能来调整拼接好的视频。如图5-1-6和图5-1-7所示。

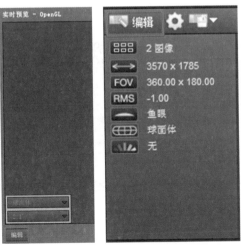

图5-1-6　控制点表格

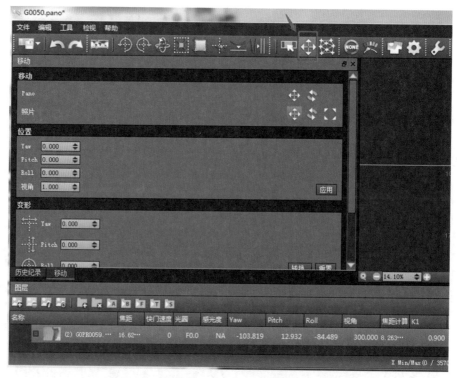

图5-1-7　移动功能

6.接下来对视频进行稳定镜头、校正色彩等操作处理。点击菜单栏中的"增稳"按钮，在"增稳"面板中可以调节补偿登记、卷帘快门功能，如图5-1-8所示。由于拍摄时存在多个机位，不同的机位其接受光的状态是不一致的，所以每台机器对画面的曝光不一样。因此需要对视频进行颜色矫正。利用"颜色"按钮可以实现颜色矫正功能，如图5-1-9所示。

图5-1-8　控制点表格

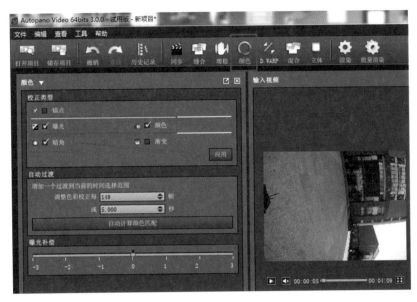

图5-1-9　控制点表格

7.设置渲染输出。关于渲染设置，2.5版本可以渲染4K-4096*2048，"标准/FPS"选择30FPS，最后如果要保存应用点击"应用"，如果需要渲染则点击"渲染"。我们将使用这个初步拼接的视频进行后期处理。

图5-1-10　全景图编辑器

任务2　日臻完善——全景视频美化处理

【理论概述】

在完成全景视频的拍摄后，不可避免地需要后期对视频进行补地操作。补地就是相机垂直向下对地面进行拍摄，然后经过后期处理得到所需要的全景视频。

用于全景视频补地的软件和插件有很多，如：PS滤镜插件、autopano软件、AE软件等都可以实现补天补地操作的需求。本书以AE软件为例讲解补地的详细步骤。

【任务描述】

任务目标：学习在AE中如何添加应用效果；掌握图章工具的使用。

利用AE软件实现对全景视频的补地。

【任务导图】

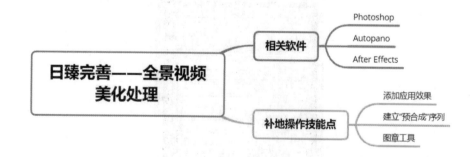

【实现过程】

1.打开AE 2018CC软件，进入AE软件的主界面，如图5-2-1所示。

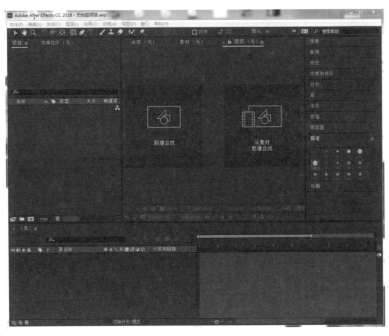

图5-2-1　导入素材

2.在主界面中点击"从素材新建合成"，实现导入素材并新建合成序列，如图5-2-2和图5-2-3所示。

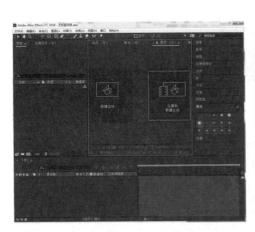

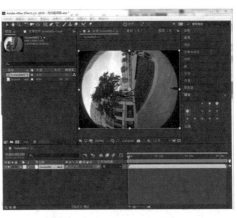

图5-2-2　导入素材　　　　图5-2-3　导入素材

3.选中此合成素材，并使用快捷键Ctrl+shift+C实现预合成的新建，在弹出的"预合成"对话框中选择"将所有属性移动到新合成"，如图5-2-4所示。

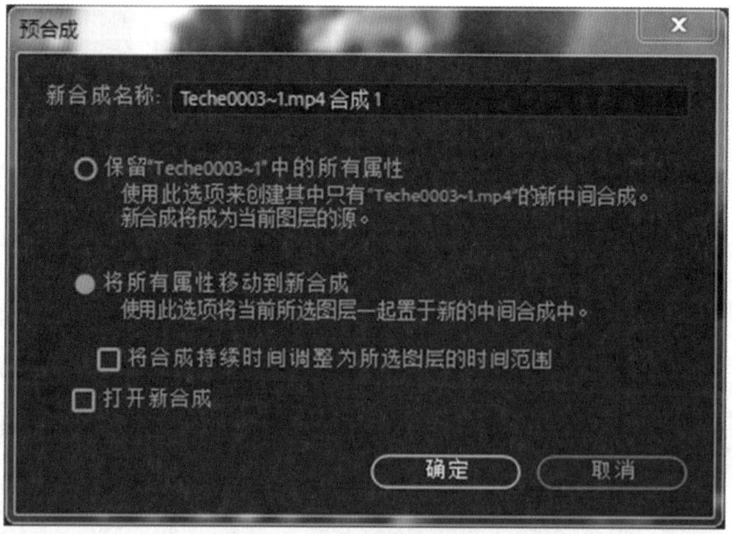

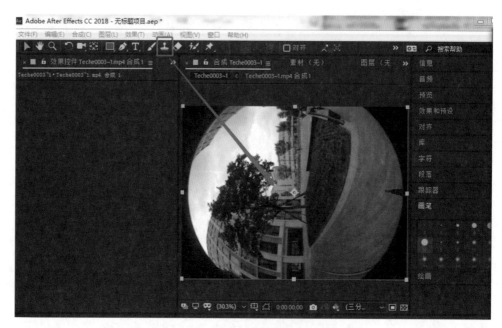

图5-2-4　新建预合成

4.在工具栏中点击"图章工具"，并双击视图窗口，实现对视频的编辑，如图5-2-5所示。在视图窗口右侧面板中可以调整画笔直径大小。

图5-2-5　双击进入图层编辑

回忆之前学习的Photoshop软件，里面的图章工具与AE软件中的图章工具在用法上有什么相同或不同之处？

5.首先按住键盘上的Alt键，在三脚架的周围拾取细节，之后在三脚架上面涂抹，如图5-2-6所示。涂抹需将三脚架部分全部处理完成，完成后的效果如图5-2-7所示。

图5-2-6　细节拾取

图5-2-7　处理结果

6.完成修补，导出视频。

【任务小结】

通过任务全景视频合成编辑的学习，我知道了＿＿＿＿＿＿＿＿＿＿

＿＿＿＿＿＿功能和使用方法，学会了运用＿＿＿＿＿＿＿＿＿＿＿

问题摘录

＿＿＿＿＿＿＿＿

＿＿＿＿＿＿＿＿

＿＿＿＿＿＿＿＿

＿＿＿＿＿＿＿＿

_____。

通过任务全景视频补地教程的学习，我知道了_____

_____功能和使用方法，学会了运用_____

_____。

【挑战任务】

请根据所学内容拍摄一组视频，并利用Kolor Autopano Video Pro，Kolor Autopano Gagi等软件合成全景视频。

【自我评价】

说明：满意20分，一般10分，还需努力5分。

完成本任务学习后，请同学们在相应评价项打"√"，完成自我评价。通过评价肯定自己的成功，弥补自己的不足。

序号	内容	自我评分
1	能够利用Kolor Autopano Video Pro软件实现对全景视频的拼接。	
2	能够利用AE软件实现对全景视频的补天补地操作。	

项目6　面貌定型：视频发布

项目目标：

通过本章节的学习，了解全景照片基本美化全景视频基础剪辑及后期基础美化的概念，熟练掌握Adobe Photoshop中基本的图片处理方式；Adobe Premiere中基本剪辑方式以及美化方式；了解基本使用全景视频的额外效果后期处理软件Insta360，学会对全景照片、视频进行基本美化，对全景视频进行基本剪辑的目标。

任务要点：
■ 全景照片处理
■ 全景视频处理　　特殊处理
■ 全景视频漫游

配套微课　拓展资源

知识链接
　　Photoshop中基本调整图片效果的概念：
　　（1）对比度：一副图像中，各种不同颜色最亮处和最暗处之间的差别，差别越大对比越高。
　　（2）亮度：一副图像给人的一种直观感受，如果是灰度图像，则跟灰度值有关，灰度值越高则图像越亮。
　　（3）饱和度：彩色图像的概念，饱和度为0的话，图像表现为灰度图像；饱和度越高颜色表现出种类越多，颜色表现更丰富，反之亦然。
　　（4）色阶：色阶就是用直方图描述出的整张图片的明暗信息。色阶是

任务1　静态美定型——全景照片处理

【理论概述】
　　通过Adobe Photoshop2018中的修图功能对全景图片进行修改和美化，使全景图片完美。

【任务描述】

任务目标：学习如何制作一张全景图，如何对全景图进行美化。

在Adobe Photoshop中对前景图进行色阶色相饱和度以及对图片进行细微的调整

【任务导图】

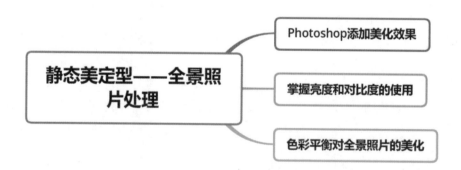

【实现过程】
1.双击Photoshop图标，打开Photoshop的界面打开文件选项卡；点击导入选择所需要处理的全景图片进行导入（如图6-1-1所示）。

图6-1-1

2.如图6-1-1的曝光度很高，我们对其进行亮度/对比度和曝光度的调整。

打开图像选项卡点击调整—曝光度进行对图片的调整（如图6-1-2所示）。

图6-1-2

表示图像亮度强弱的指数标准。

（5）曝光度：简单来说就是亮度。曝光度越高越亮，越低越暗。

学习思考

技能提示

双击左下方区域或右键、导入，这时会弹出文件框，点击文件，打开即可导入一段全景视频。

读书笔记

3.然后对其的亮度对比度进行调整：打开菜单栏图像选项卡点击—调整亮度。在出现亮度对比度的弹窗后对其进行调整，完成后点击确定（如图6-1-3所示）。

图6-1-3

4.打开菜单栏图像选项卡点击—调整—色彩平衡。出现色彩平衡弹窗后，对其进行调整完成后点击确定（如图6-1-4所示）。

图6-1-4

5.打开图像—调整—亮度/对比度弹窗后对其进行调整完成后点击确定（如图6-1-5所示）。

图6-1-5

6.在完成之后点击文件—另存为的命令对图片进行保存（快捷键Ctrl+S）。在弹出"另存为"窗口时可以对图片的格式、路径等进行调整，完成后点击确定。

任务2　动态美定型——全景视频处理

【理论概述】

通过Premiere 2018中的修图功能对全景视频进行修饰和美化，

【任务描述】

任务目标：学习如何制作一张全景图，如何对全景图进行美化。

简单描述任务：在Premiere中对全景视频进行基础的美化。

【任务导图】

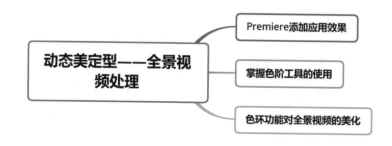

知识链接
　　Premiere主界面
　　左上方：视频效果处理，参数设置
　　右上方：预览区
　　左下方：导入媒体素材
　　右下方：调整时间轴

【实现过程】

1.双击打开进入Premiere的主界面，会看到有四个工作区，左上方的区域是对视频进行一些效果的处理，以及一些参数的设置；右上方是预览区；左下方是导入媒体素材的地方；右下方是调整时间轴的区域，这是视频剪辑的关键（如图6-2-1所示）。

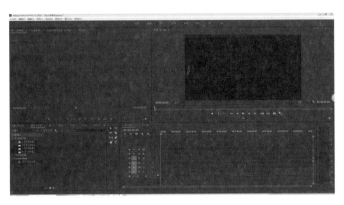

图6-2-1

2.将全景视频导入Premiere后，打开文件所在位置，将文件拖入左下角完成导入（如图6-2-2所示）。

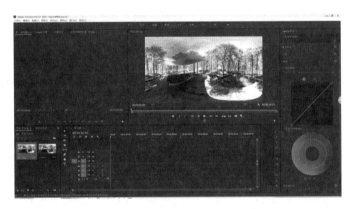

图6-2-2

3.将文件拖入左边时间轴形成序列，点击Premiere上方工具栏的颜色，弹出色阶以及其他处理视频的功能，对色阶、色环进行调整（如图6-2-3所示）。

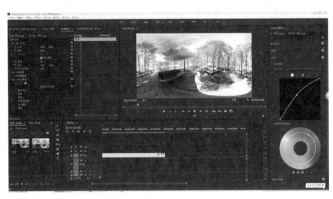

图6-2-3

4.使用快捷键Ctrl+M将全景视频进行导出，选择导出格式和路径（如图6-2-4、图6-2-5所示）。

图6-2-4

图6-2-5

5.点击导出按钮，对文件进行导出即可。

任务3　个性化处理——全景视频特殊处理

【理论概述】

全景视频的剪辑处理软件有很多种，这里介绍Insta360，对全景视频进行简单的剪辑。

【任务描述】

任务目标：学会使用Insta360中标记关键帧、调整视角等功能。

简单描述任务：利用Insta360软件完成全景视频的剪辑。

【任务导图】

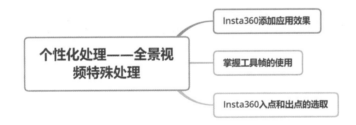

个性化处理——全景视频特殊处理

- Insta360添加应用效果
- 掌握工具帧的使用
- Insta360入点和出点的选取

【实现过程】

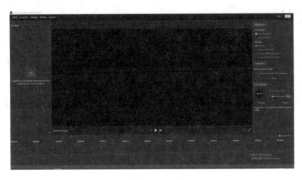

图6-3-1

Insta360它可以导入的视频格式有4种：MP4，jpeg，insv，insp。后面两个是Insta360全景视频和全景图片格式，这两个格式同时也是工程文件可以保存剪辑时的参数。

1.首先需要导入全景视频。打开文件位置后，拖拽文件进入左上角即可完成导入（如图6-3-2，图6-3-3）。

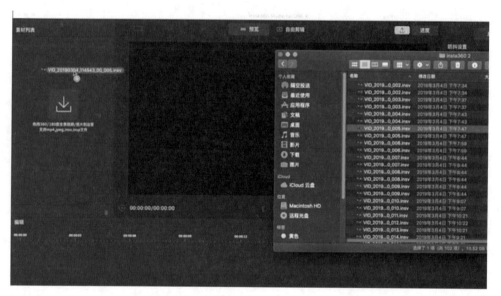

图6-3-2

图6-3-3

2.导入视频后默认的预览模式为平铺，左上角可调整视频的观看模式（如图6-3-4，图6-3-5）。

图6-3-4

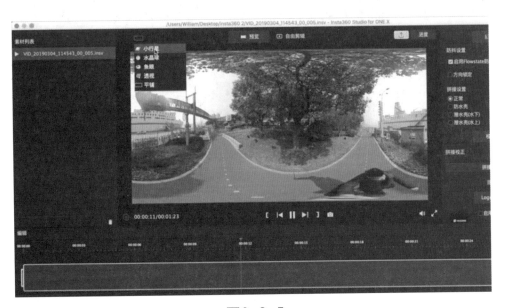

图6-3-5

3.在Insta360中我们可以通过鼠标的拖动以及滚轮调整视频的视角（如图6-3-6）。

图6-3-6

4.箭头处这里也可以标记关键帧。关键帧的作用就是固定一个你选择的关键帧，可以在两个不同的视角上切换平移，具体的效果方法与After Effects，Premiere一样（如图6-3-7）。

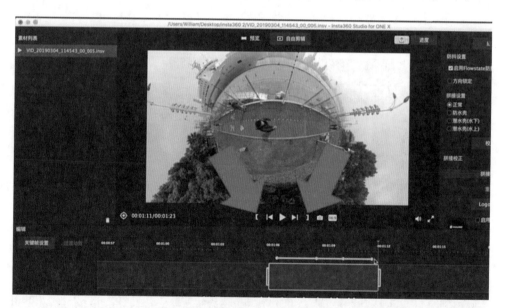

图6-3-7

5.在视频过长需要选取其中一段时可以点击【 】这两个按钮，可以分别设置视频开始与结束的位置，即"入点"与"出点"（如图6-3-8）。

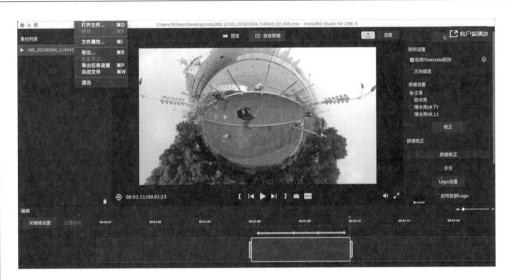

图6-3-8

6.完成后可以在菜单栏点击文件—导出命令，对全景视频进行导出（如图6-3-9）。

图6-3-9

7.在导出的弹框中我们可以根据需要更改文件名、保存路径、视频分辨率等数值，最终点击确定进行导出（渲染）即可得到一个完整的全景视频。

【任务小结】

通过任务全景照片后期美化教程、全景视频后期美化教程、全景视频Insta360教程的学习，我知道了＿＿＿＿＿＿＿＿＿＿＿＿＿＿＿＿＿＿＿

＿＿＿＿＿＿＿＿＿＿＿＿＿＿＿功能和使用方法，学会了运用＿＿＿＿＿＿＿

＿＿＿＿＿＿＿＿＿＿＿＿＿＿＿＿＿＿＿＿＿＿＿＿＿。

【挑战任务】

说明：拍摄"我的家乡"相关素材（照片和视频），最后制作家乡某地的全景视频并配以文案加以分享和介绍。

【自我评价】

说明：满意20分，一般10分，还需努力5分。

完成本任务学习后，请同学们在相应评价项打"√"，完成自我评价。通过评价肯定自己的成功，弥补自己的不足。

序号	内容	自我评分
1	掌握利用Photoshop为全景照片添加美化效果的操作。	
2	掌握利用Premiere为全景视频添加应用效果的操作。	
3	能够利用Insta360中入点和出点的选取实现对全景视频的剪辑操作。	

任务4　尝试新风格——全景漫游

【理论概述】

VR全景漫游指的是使用一张或者多张全景照片，通过VR技术将某一场景进行还原，能实现全面的互动式观看。它是创作者使用网站或者软件构建出的一个虚拟空间，在这个空间里，观看者可以通过鼠标、键盘、控制器等多种方式进行操控，从多个角度浏览画面，还原真实的环境。

本章节将通过对VR全景漫游的介绍，理清VR全景漫游的概念，并指出其特点及优势，在一个VR漫游作品中包含了哪些内容，以及目前常见的用途。

【任务描述】

	任务目标：了解VR全景漫游的概念、特点、优势、涵盖内容以及用途
	通过对VR全景漫游的了解，学会如何观看和使用VR全景漫游

【任务导图】

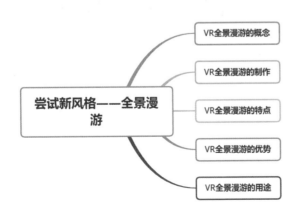

- 尝试新风格——全景漫游
  - VR全景漫游的概念
  - VR全景漫游的制作
  - VR全景漫游的特点
  - VR全景漫游的优势
  - VR全景漫游的用途

【实现过程】

一、VR全景漫游的概念

全景指的是大于双眼正常情况下可视范围，甚至是可以涵盖完整的常见的照片或者视频。全景一般可以分为虚拟或者实景拍摄两种，虚拟现实是指利用软件制作出来模拟现实环境的场景（如图6-4-1所示），而实景则是通过相机拍摄实景环境的照片，再通过软件拼接合成的全景照片或者视频。

图6-4-1　虚拟现实环境

VR全景漫游，指的是将全景照片或者视频，在VR技术的帮助下，还原真实的环境，能实现全方位多角度的观看。可以理解为是创作者使用网站或者软件构建出的一个虚拟空间，如图6-4-2所示。

图6-4-2　虚拟现实技术示意

观看者可以通过鼠标、键盘、控制器等方法控制这个空间，从多个角度进行观赏。除此之外，还可以向上、下、左、右多个方向延伸，任意放大或者缩小，能做到环视、俯视和仰视，就好像实际在现场浏览当下的环境一样，将最真实的环境再现在观看者眼前，如图6-4-3所示。

图6-4-3 虚拟现实真实环境再现

目前，应用较多的VR全景漫游的制作方法是添加热点，每一个热点可以理解为在这个点上拍摄一组全景照片，通过多个热点组合成一个完整的全景漫游作品。通过在场景中添加热点，将热点链接到场景中的其他地方，观看者可以点击热点，实现场景间的切换，实现观看者与全景作品的互动，从而进行全方位的浏览，如图6-4-4所示。

图6-4-4 热点

二、VR全景漫游的制作

完成一个VR全景漫游作品，需要摄影、制作人员、编程人员、界面设计人员等多方协助。通过全景照片拼接构建的全景漫游作品是对真实世界的重建，将其以虚拟的形式再现在计算机系统里，具有很强的真实感，可以观看整个环境中的所有图像信息，并且没有视觉死角。

目前已经有很多成熟的VR漫游网站可以提供VR全景漫游作品的制作和发布，这些网站大大降低了VR全景漫游作品的制作难度，只需要上传拍摄完成的全景照片，再根据自己的需求添加相应的热点和功能即可。

例如，720云、9商VR云等网站都已经可以提供完整的VR漫游制作工具，并且都开放一定程度的免费使用容量，无需额外花费就可以体验VR全景漫游的制作，如图6-4-5所示。

图6-4-5　720云网站

首先，在发布栏中单击全景漫游进入全景漫游的制作界面，如图6-4-6所示。

图6-4-6　发布菜单

然后根据网站的要求上传自行拍摄的全景照片，作为VR全景漫游的制作素材，如图6-4-7所示。

图6-4-7　上传素材

选择需要的素材之后进入作品的编辑界面，在这个界面中可以根据作品的需求对不同的功能进行设置，如图6-4-8所示。

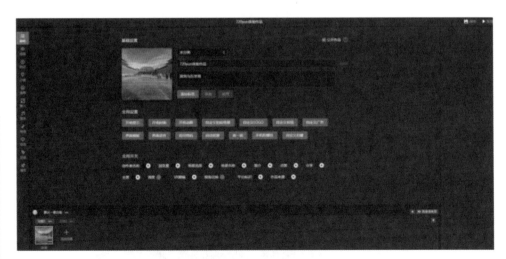

图6-4-8　编辑界面

以下对几个常用的功能进行说明：

基础设置：可以设置VR全景漫游作品的基础设置，如作品名称、开场提示、开场封面、自定义初始场景、场景选择、VR眼镜开关等，如图6-4-9所示。

图6-4-9　基础设置

　　视角设置：可以设置VR全景漫游作品的浏览视角，包含初始视角设定、视角范围、初始视角限制、水平视角限制等，如图6-4-10所示。

图6-4-10　视角设置

　　热点设置：通过添加多个热点，设置多个场景，如图6-4-11所示。

图6-4-11　热点设置

　　音乐设置：可以设置VR全景漫游作品浏览时播放的音频，如图6-4-12所示。

图6-4-12　音乐设置

　　细节设置：可以对某个需要重点展示的物品或场景添加特写照片，如图6-4-13所示。

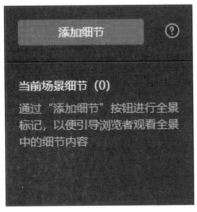

图6-4-13　细节设置

完成了全部的设置之后，就可以在作品管理中心选择完成的作品进行发布。可以通过作品链接将作品分享出去，如图6-4-14所示。

图6-4-14　作品发布

三、VR全景漫游的特点

全景漫游作品是对真实场景实拍，进行拼接处理，可以观看环境中的各个细节，立体感、沉浸感强烈。VR全景漫游有以下五个特点：

（1）全面性，可以全方位、全面地展示球形范围内所有的景象，没有视觉死角，可以实时观看环境的各个方向，如图6-4-15所示。

图6-4-15　全景作品概览

（2）真实性，VR全景漫游作品凭借虚拟现实技术，在全景照片的基础上拼接得到全方位的图像，可以最大程度地保留场景的真实性。

（3）多向性，通过漫游技术处理后的全景作品，能给人立体空间的感觉，可以设置视角，添加热点、音频、图片、足迹等多面向的功能，给观看者提供多面向的浏览体验，如图6-4-16所示。

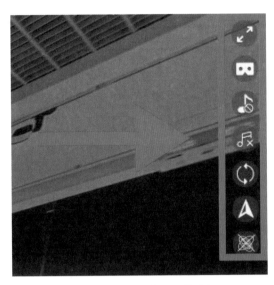

图6-4-16　拓展菜单

（4）互动性，观看者可以在全景作品提供的功能中自由选择自己想观看的内容，使得作品和观看者得到互动。

（5）沉浸性，虽然VR全景漫游作品可以通过浏览器或者手机进行观看，但是最佳的效果还是需要使用VR穿戴设备进行观看。在VR穿戴设备的帮助下，观看者仿佛置身于虚拟世界的中心，向四周观察，模拟出真实世界中人们浏览景物的状态，提供一种深度的沉浸式体验，如图6-4-17所示。

图6-4-17　VR观看模式

四、VR全景漫游的优势

VR全景漫游是一种相对新颖的图像技术，依靠其逼真的临场感和沉浸效果，受到了广大用户的喜爱。观看者可以通过全景漫游，往来于各个场景之间，也可以根据指定路线进行游览，仿佛身临其境。那么，VR全景漫游技术究竟有哪些优势，才会得到无数厂家和商家的青睐呢？

（1）VR全景漫游极具真实感。全景漫游的素材来源于实地取景后对照片进行的技术处理，它的取材完全来自于现实场景。再加上它本身的三维特点，使得全景漫游极具真实感，让人有身临其境的感觉。

（2）VR全景漫游互动性强。VR全景漫游可以随着观看者的操作而做出前后、远近、上下等动作，观看者可以根据自己的意愿随意浏览，如图6-4-18所示。

图6-4-18　互动热点

（3）VR全景漫游画面高清。VR全景漫游在获取素材时所使用的一般是专业级的相机，像素很高，拍摄的效果极佳。同时使用flash播放，而flash是矢量的，故全景漫游图像在播放时，不会因为图像的扩大、缩小、旋转等操作而出现失真的情况。

图6-4-19　画面缩小

图6-4-20　画面放大

（4）VR全景漫游播放流畅。VR全景漫游在互联网上的使用十分方便，可以灵活地嵌入网页中。基于flash的播放使用的是流媒体播放技术，对于网络带宽的要求较低，可以很顺畅地实现三维空间图像的播放，如图6-4-21所示。

图6-4-21　嵌入网页

（5）VR全景漫游可塑性强。VR全景漫游以flash技术作为平台，具有较强的可塑性，可以根据不同的需要实现众多功能的扩展。如：添加背景音乐、解说、添加天空云朵等。

（6）VR全景漫游保密性强，主要针对网络应用而设计。根据全景漫游特点，设计有域名定点加密、图片分割式加密等多种手段，而且可以添加天空或者地面的水印遮罩，加密的全景展示仍可正常浏览，但无法下载，从而有效地保护了图片的版权，如图6-4-22所示。

图6-4-22　水印

五、VR全景漫游的用途

VR全景漫游作品作为一种新兴的表达方式，已经得到了许多观看者的喜爱，随着科技的进步，传统的表达方式已经无法满足人们日益增长的视觉展示需求。VR全景漫游技术可以提供更完整、更便捷、更具有吸引力的数字化全方位展示方案。目前已经可以应用在地图、教育，旅游等方方面面。

（1）地图，如今手机导航已经成为人们生活中必不可少的一部分，但是二维的手机地图在寻找具体的建筑时依然有所不足。为了解决具体环境中的导航问题，百度公司就推出了百度全景这一功能，其可以结合VR全景漫游技术，将拍摄的素材制作为全景漫游作品，为地图的使用者提供更具具象化的导航服务。除了公共道路上的全景地图以外，在某些商场或者电影院甚至会提供室内的全景导览图，以方便地图使用者,如图6-4-23、6-4-24所示。

图6-4-23　VR地图

图6-4-24　VR室内地图

（2）教育，为了促进学校招生以及提高学校的知名度，VR全景校园也成为许多学校用来展示校园环境的重要方式。通过全景漫游技术，能为浏览者带来更加真实和全面的体验，让人们足不出户便可一睹校园的魅力风采；还能让报考学生远程实景浏览，让校园环境、实验实训环境等信息立体地展现在有意愿报考的学生面前。相信未来全景漫游技术还将在教育领域中有更多层次的应用。

比如宁波职业技术教育中心学校就在校园网中加入了VR全景校园的链接，方便校内外人士更加全面地了解校园，如图6-4-25、6-4-26所示。

图6-4-25　学校官网

图6-4-26　云游校园页面

（3）旅游，VR全景漫游技术可有效助力数字旅游体系。通过旅游景点虚拟导览，可以为旅游者制订旅游线路提供参考；通过全景展示，旅游者可以自由穿梭于各个景区，全方位地参观浏览景区的优美环境；还可以配以音乐和解说，使旅游者更加身临其境。

郑州美术馆使用VR漫游技术举办了"集拓藏珍"线上展览活动。在这一VR漫游作品中不仅有全方面的展馆环境记录，还有讲解员详细的解说。当浏览者对某一作品特别感兴趣时，还可以通过细节功能打开图片的详情，进一步了解这一幅作品。以上设置可以让浏览者足不出户就能身临其境地观赏一场文化盛宴，如图6-4-27、6-4-28、6-4-29所示。

图6-4-27　郑州美术馆线上展览1

图6-4-28　郑州美术馆线上展览2

图6-4-29　郑州美术馆线上展览3

当然，除了这些领域之外，包含医疗、房地产、汽车等行业也在纷纷开始接触VR全景漫游的制作和应用，相信在未来VR全景漫游技术对我们的生活将产生更加深远的影响。

【任务小结】

通过VR播放设备相关知识的学习，我知道VR播放设备有＿＿＿＿＿＿＿＿＿＿＿＿＿＿＿＿＿三大类。

通过VR全景漫游的学习，我知道VR全景漫游的定义是＿＿＿＿＿＿＿＿＿＿＿＿＿＿＿＿＿＿＿＿＿＿＿，有以下几个特点＿＿＿＿＿＿＿＿＿＿＿＿＿＿＿＿＿＿＿＿＿＿＿＿＿，有以下几个优势＿＿＿＿＿＿＿＿＿＿＿＿＿＿＿＿＿＿＿＿＿，有以下几个应用场景＿＿＿＿＿＿＿＿＿＿＿＿＿＿＿＿＿＿＿。

【自我评价】

说明：满意20分，一般10分，还需努力5分。

读书笔记

＿＿＿＿＿＿＿＿

＿＿＿＿＿＿＿＿

＿＿＿＿＿＿＿＿

＿＿＿＿＿＿＿＿

＿＿＿＿＿＿＿＿